VDE-Schriftenreihe **202**

Zum Autor

Dipl.-Ing. Dipl.-Wirtsch.-Ing. **Rolf Rüdiger Cichowski**, MBA ist als Autor und Herausgeber tätig. Die ersten Jahre seiner beruflichen Laufbahn war er bei den Vereinigten Elektrizitätswerken AG in Dortmund (im Jahr 2000 fusioniert mit RWE AG, heute integriert in E.ON SE) in verschiedensten Funktionen im Bereich „Elektrische Verteilungsnetze" aktiv. Nach der politischen Wende in Deutschland unterstützte er für einen Zeitraum von fünf Jahren die Entwicklungsprozesse ostdeutscher Unternehmen, und zwar als Leiter der elektrischen Verteilungsnetze bei der Mitteldeutschen Energieversorgung AG, MEAG in Halle/Saale und als Geschäftsführer der damals neu gegründeten Energieversorgung Industriepark Bitterfeld/Wolfen GmbH, ein Unternehmen, das den Industriestandort mit Strom, Gas, Wasser und Fernwärme versorgte.

Mitte der 1990er-Jahre stiegen die Energieversorgungsunternehmen in das Geschäftsfeld Telekommunikation ein, und Rolf Rüdiger Cichowski gründete und leitete als Geschäftsführer für VEW das Tochterunternehmen VEW TELNET, ein Regional-Carrier in Dortmund. Nachdem VEW dieses Tochterunternehmen 1999 an die damalige versatel (heute 1&1 versatel) verkaufte, schied der Autor nach 30 Jahren aus dem Konzern aus und war danach ein Jahr als Leitender Consultant bei der Detecon in Bonn, einem Tochterunternehmen der Deutschen Telekom, tätig.

Von 2001 bis zum Frühjahr 2011 war er Geschäftsführer der SSS Starkstrom- und Signal-Baugesellschaft mbH in Essen, einem mittelständischen Dienstleistungsunternehmen für Strom, Daten, Gas und Wasser mit 30 Standorten und etwa 600 Mitarbeitern.

Im Rahmen des BDEW Bundesverband der Energie- und Wasserwirtschaft und der DKE Deutsche Kommission Elektrotechnik Elektronik Informationstechnik in DIN und VDE arbeitete er in Ausschüssen und Komitees mit. Als Autor und Herausgeber hat Rolf Rüdiger Cichowski in den letzten Jahrzehnten Fachaufsätze und Fachbücher veröffentlicht und sich als Referent in Seminaren und Kongressen betätigt. Darüber hinaus war er über mehrere Jahre Lehrbeauftragter an den Fachhochschulen Dortmund und Berlin. Rolf Rüdiger Cichowski ist u. a. auch Initiator und Herausgeber der Buchreihe „Anlagentechnik für elektrische Verteilungsnetze", die seit mehr als 30 Jahren im VDE VERLAG erscheint.

Kontakt zum Autor: E-Mail: rolf@cichowski.de, Internet: www.cichowski.de.

VDE-Schriftenreihe Normen verständlich **202**

Erdungsanlagen für Gebäude

Leitfaden zu den DIN-VDE-Normen, unter besonderer Berücksichtigung der DIN 18014:2023-06

Dipl.-Ing. Dipl.-Wirtsch.-Ing. Rolf Rüdiger Cichowski, MBA

VDE VERLAG GMBH

ICS 29.120.50; 91.120.30; 91.140.50

Bibliografische Information der Deutschen Nationalbibliothek
Die Deutsche Nationalbibliothek verzeichnet diese Publikation in der Deutschen Nationalbibliografie; detaillierte bibliografische Daten sind im Internet über https://portal.dnb.de abrufbar.

ISBN 978-3-8007-6300-9 (Buch)
ISBN 978-3-8007-6301-6 (E-Book)
ISSN 0506-6719

Satz: Text- und Software-Service Manuela Treindl, Fürth
Druck: Buch- und Offsetdruckerei H. Heenemann GmbH & Co. KG
Printed in Germany 2024-03

Vorwort

Die Fragen der Erdung elektrischer Anlagen begleiten die Welt der Elektrotechnik bereits seit den Anfängen der Elektrifizierung. Sie zählen zu den Kernthemen, mit denen sich Elektrofachkräfte seit Jahrzehnten auseinandersetzen. Diese langjährige Beschäftigung mit der Thematik hat dazu geführt, dass sich die Anforderungen an Erdungsanlagen kontinuierlich weiterentwickelt und in die Ausarbeitung von Normen wie EN, IEC, DIN und VDE, Eingang gefunden haben. In zahlreichen Normen sind spezifische Anforderungen an Erdungsanlagen festgehalten, die sich als unerlässliche Richtlinien für Fachleute etabliert haben.

Ein Meilenstein in diesem Bereich ist die Norm DIN 18014 „Erdungsanlagen für Gebäude", die seit vielen Jahren Fachleuten aus verschiedensten Baugewerken bekannt ist und deren Anforderungen sich in der Praxis bewährt haben. Mit der Neuausgabe dieser Norm im Juni 2023 sahen sich der Verlag und ich als Autor vor die Aufgabe gestellt, ein umfassendes Werk zu Erdungsanlagen für Gebäude zu erarbeiten. Das Ergebnis dieser Bemühungen halten Sie nun in Händen.

Dieses Buch zielt darauf ab, ein tiefgreifendes Verständnis für die Komplexität und Bedeutung von Erdungsanlagen zu vermitteln, ohne dabei zu sehr in die Tiefe zu gehen. Es bietet Ihnen einen systematischen Überblick über die relevanten Normen, Definitionen und Erklärungen sowie eine Zusammenfassung der wichtigsten Vorschriften und Neuerungen.

Im Detail beleuchtet das erste Kapitel die fundamentale Bedeutung von Erdungsanlagen, während das zweite Kapitel die wesentlichen DIN-VDE-Normen für Erdungsanlagen zusammenfasst und kurz erläutert. Das dritte Kapitel widmet sich den Begrifflichkeiten, bietet klare Definitionen und ergänzt diese durch prägnante Erläuterungen. Eine zusammenfassende Darstellung der wichtigsten Normen zu Erdungsanlagen finden Sie im vierten Kapitel. Schließlich beschäftigt sich das fünfte Kapitel eingehend mit der neuen Norm DIN 18014:2023-06, um die jüngsten Entwicklungen und Anforderungen in diesem Bereich aufzuzeigen.

Mit diesem Buch möchten wir nicht nur Ihr technisches Verständnis für Erdungsanlagen vertiefen, sondern auch praktische Leitlinien an die Hand geben, die in der Planung, Ausführung und Überprüfung von Erdungsanlagen für Gebäude unerlässlich sind. Dazu habe ich etliche Tabellen entwickelt, die Sie in die Lage versetzen können, einen schnellen Überblick zu erhalten. Außerdem beinhaltet die Norm DIN 18014 viele bildliche Darstellungen, die das Verständnis der theoretischen Erläuterungen sicherlich unterstützen können. Es ist mein aufrichtiger Wunsch, dass dieses Werk Ihnen als wertvolle Ressource und Nachschlagewerk dient und Sie in Ihrer täglichen Arbeit unterstützt.

Ich danke Ihnen für Ihr Interesse und Vertrauen und wünsche Ihnen eine aufschlussreiche Lektüre.

An dieser Stelle möchte ich erneut den vielen Lesern meiner bisher erschienenen Bücher danken, die sich bei mir mit kritischen Fragen, Anregungen, Ideen und sogar mit dankenden Worten gemeldet haben. Das Feedback zeigt mir Ihr Interesse an den Inhalten und es spornt an für weitere Ideen zu neuen Buchprojekten. So ist z. B. auch die vorliegende VDE-Schriftenreihe 202 entstanden. Außerdem danke ich Herrn Dipl.-Ing. und Lektor des VDE VERLAGs *Michael Kreienberg* für seine erneute Unterstützung bei der Idee und der Umsetzung dieses Buchs. Wir sind in den vielen Jahren der bisherigen Zusammenarbeit ein starkes Team geworden.

Holzwickede, im März 2024 *Rolf Rüdiger Cichowski*

Inhalt

1 Die Bedeutung der Erdung für elektrotechnische Anlagen und Betriebsmittel

Die Sicherheit elektrischer Anlagen und die Zuverlässigkeit der Stromversorgung sind zwei fundamentale Anforderungen in der Elektrotechnik. Eine Schlüsselrolle spielt dabei die Erdung. Sie ist ein unverzichtbarer Bestandteil jeder elektrischen Installation, der oft unterschätzt wird, obwohl er für den Schutz von Menschen, Geräten und Gebäuden unentbehrlich ist.

Die grundlegende Bedeutung und Notwendigkeit von Erdungsanlagen in Gebäuden lässt sich anhand mehrerer Schlüsselaspekte verdeutlichen:

Personenschutz: Im Mittelpunkt steht der Schutz von Menschenleben. Erdungsanlagen sind entscheidend, um die Gefahr schwerer oder tödlicher elektrischer Schläge zu verringern. Sie bieten einen sicheren Pfad für den Ausgleichsstrom, falls ein Fehlerstrom (z. B. durch Isolationsfehler) entsteht und helfen so, die Berührungsspannung auf einem ungefährlichen Niveau zu halten. Das geschieht durch eine direkte elektrische Verbindung zwischen den elektrischen Anlagen und der Erde. Diese Verbindung dient mehreren Zwecken:

- Sie schützt also vor elektrischen Schlägen durch die Ableitung unerwünschter Ströme in die Erde. Nicht nur Menschen werden geschützt, sondern Erdungsanlagen schützen elektrische Geräte und Installationen vor Schäden durch elektrische Überspannungen, wie sie beispielsweise bei Blitzeinschlägen oder Schaltvorgängen auftreten können. Die korrekte Erdung begrenzt die Höhe der Überspannungen und verhindert dadurch Schäden an der elektrischen Infrastruktur.
- Sie minimiert das Risiko von Bränden durch Funkenbildung. Indem sie einen Weg für den Fehlerstrom bietet, verhindert die Erdung, dass sich gefährliche Wärme aufbaut, die Brände auslösen könnte. Dies ist besonders kritisch in Umgebungen, in denen feuergefährliche Materialien vorhanden sind.
- Sie trägt zur Stabilität der Netzspannung bei, denn durch eine zuverlässige Erdung ist die Betriebssicherheit elektrischer Systeme gewährleistet. Sie hilft, das Risiko von Fehlfunktionen zu reduzieren, die durch elektromagnetische Interferenzen oder unerwartete Spannungsschwankungen verursacht werden können.

Die Geschichte der Erdung reicht zurück bis in die Anfänge der Elektrizitätsnutzung, als die ersten Telegrafensysteme eine Erdung benötigten, um effektiv zu funktionieren. Mit der Zeit und dem Fortschritt der elektrischen Systeme hat sich das Verständnis und die Technologie der Erdung signifikant weiterentwickelt, um den wachsenden

Sicherheitsanforderungen und der Komplexität moderner elektrischer Netze gerecht zu werden.

In der heutigen Zeit ist die Erdung ein kritischer Faktor in fast allen Bereichen der Elektrotechnik, von Wohngebäuden über Industrieanlagen bis hin zu Systemen für erneuerbare Energien. Die zunehmende Vernetzung und Automatisierung, der Einsatz sensibler elektronischer Geräte und die globalen Bestrebungen hin zu einer nachhaltigen Energieversorgung stellen neue Anforderungen an die Erdungstechnik. Daher spielen eine Qualitätssicherung für die elektrischen Anlagen und Betriebsmittel und eine Zuverlässigkeit der Erdungsanlagen eine wichtige Rolle. Eine professionell geplante und umgesetzte Erdungsanlage trägt zur Gesamtqualität und Zuverlässigkeit der elektrischen Installationen bei. Dies führt zu geringeren Wartungskosten und einer längeren Lebensdauer der elektrischen Systeme und Geräte. Außerdem erhöht eine fachgerecht installierte Erdungsanlage das Vertrauen der Nutzer in die elektrische Sicherheit eines Gebäudes.

Daher ist die Erdung auch fester Bestandteil der elektrischen Sicherheitsvorschriften geworden, die in nationalen und internationalen Normen wie den IEC-/EN-Normen, den DIN-VDE-Normen in Deutschland oder dem NEC (National Electrical Code) in den USA festgelegt sind. Diese technischen Regelwerke definieren Anforderungen an die Ausführung/Errichtung, Prüfung und Wartung von Erdungsanlagen, um einen hohen Sicherheitsstandard zu gewährleisten.

Unterschiedliche Arten der Erdung kommen zur Anwendung, wie die → *Funktionserdung*, die → *Schutzerdung*, die → *Blitzschutzerdung*, die → *Betriebserdung* *(→ Kapitel 3)*. Jede Art der Erdung findet in spezifischen Kontexten Anwendung. Während die Schutzerdung und Funktionserdung in nahezu allen Arten von Gebäuden und Anlagen relevant sind, kommt die Blitzschutzerdung vor allem bei Gebäuden mit erhöhtem Risiko eines Blitzeinschlags zum Einsatz. Die Betriebserdung ist insbesondere für Energieversorgungsunternehmen und bei der Planung von elektrischen Verteilungsnetzen von Bedeutung.

Die Einrichtung einer effektiven Erdungsanlage ist somit eine fundamentale Anforderung für jedes Gebäude, um die Sicherheit, Funktionalität und Konformität elektrischer Installationen zu gewährleisten.

2 Wichtige DIN-VDE-Normen für Erdungsanlagen

Für die Auswahl und die Errichtung von Niederspannungsanlagen und elektrischer Betriebsmittel ist zum Thema Erdungsanlagen, Schutzleiter und Schutzpotentialausgleichsleiter die Norm DIN VDE 0100-540 maßgebend. Weitere Normen im Zusammenhang mit Erdungsanlagen sind z. B. DIN EN IEC 61936-1 (**VDE 0101-1**), DIN EN 50522 (**VDE 0101-2**), DIN VDE 0151 und DIN VDE 0105-100. Einen Überblick zu den Bezeichnungen, den jeweiligen Namen der Normen und den zugehörigen Inhalten für Erdungsanlagen mit kurzen Erläuterungen werden weiter unten aufgeführt.

Der Elektrotechniker versteht unter dem Begriff „Erde" zunächst dasselbe wie ein elektrotechnischer Laie, nämlich die Bezeichnung sowohl für die Erde als Ort (also die räumliche Zuordnung) als auch für die Erde als Stoff, d. h. die unterschiedlich möglichen Bodenarten wie Gestein, Lehm, Sand, Kies. Eine zusätzliche Bedeutung erhält das Wort im elektrotechnischen Sinne. Die örtliche Erde ist der Teil der Erde, der sich in elektrischem Kontakt mit einem Erder befindet, dessen elektrisches Potential nicht notwendigerweise null ist.

Außerdem ist die Erde ein leitender Stoff, dessen elektrisches Potential außerhalb des Einflussbereichs von Erdern null ist. Dies wird als Bezugserde bezeichnet. Wird über den Erder einer Erdungsanlage oder andere leitfähige Teile ein Strom in die Erde geleitet, erhält die Erde in diesem Bereich ein von null abweichendes Potential. An der Erdoberfläche entsteht dann gegenüber der Bezugserde das Erdoberflächenpotential. Die dabei auftretende Spannung zwischen Erder und Bezugserde wird als Erdungsspannung bezeichnet.

Erdungsanlagen dürfen für Schutz- und Funktionszwecke gemeinsam oder getrennt verwendet werden, so, wie die elektrische Anlage es erfordert. Dabei haben die Anforderungen für Schutzzwecke immer Vorrang. Die wichtige Aufgabe für Erdungsanlagen: Herstellung einer Verbindung zur Erde. Erdungen werden errichtet, um entweder den Schutz gegen zu hohe Berührungsspannungen und Schrittspannungen sicherzustellen, betriebliche Aufgaben zu übernehmen oder um auf möglichst kurzem Wege, Blitzströme abzuleiten.

Nachfolgend werden Normen aufgeführt, in denen u. a. auch Anforderungen zu Erdungsanlagen enthalten sind. Die Auflistung beinhaltet die Bezeichnung der jeweiligen Norm, den Namen und dazu einige kurze Erläuterungen zur Orientierung über weitere Normen zu Erdungsanlagen. Eine ähnliche Liste findet der Leser im Anhang A der DIN 18014:2023-06. Dort sind ergänzende Hinweise (zum → *Abschnitt 4.1 dieser Norm*; → *Kapitel 5.1 dieses Buchs*) zu den Funktionen der Erdungsanlagen gemacht.

DIN VDE 0100 „Errichten von Niederspannungsanlagen“: *Zur Errichtung von Niederspannungsanlagen bis 1 000 V sind Anforderungen in DIN VDE 0100 mit den verschiedensten Normen in den Gruppen 100 bis 800 enthalten. In einigen Gruppen sind Normen enthalten, die auch weitestgehend Aussagen zu Erdungsanlagen oder Teilen von ihnen festlegen.*

DIN VDE 0100-200:2023-06 „Errichten von Niederspannungsanlagen – Teil 200: Begriffe“ *enthält Definitionen der im gesamten Normenwerk der DIN VDE 0100 genutzten Begriffe, so auch Begriffe, die im unmittelbaren Zusammenhang mit Erdungsanlagen stehen.*

DIN VDE 0100-410:2018-10 „Errichten von Niederspannungsanlagen – Teil 4-41: Schutzmaßnahmen – Schutz gegen elektrischen Schlag“: *Es wird auch auf Anforderungen eingegangen, die im Zusammenhang mit Erdungsanlagen stehen, wie Schutzmaßnahmen in Abhängigkeit der Art der Erdverbindungen (zu den Netzsystemen) oder Anforderungen, die sich auf den Schutzpotentialausgleich für Metallteile beziehen, die in Gebäude eingeführt werden, sind eindeutig beschrieben (Abschnitt 411.3.1.2). In weiteren Abschnitten werden Hinweise zu Erdungsanlagen bzw. Teile von ihnen gegeben.*

DIN VDE 0100-540:2012-06 „Errichten von Niederspannungsanlagen – Teil 5-54: Auswahl und Errichtung elektrischer Betriebsmittel – Erdungsanlagen und Schutzleiter“: *Dieser Teil der Normen der Reihe DIN VDE 0100 gilt für Erdungsanlagen und Schutzleiter einschließlich Schutzpotentialausgleichsleiter mit dem Ziel, die Sicherheit elektrischen Anlagen zu erfüllen. Es sind in Abschnitt 541.3 Begriffe zu Erdungsanlagen enthalten (→ Kapitel 3 dieses Buchs) und Anforderungen zu Erdern, Erdungsleitern, Haupterdungsschienen, Schutzleitern, weiterhin zu Mindestquerschnitten, Arten von Schutzleitern, elektrischer Durchgängigkeit von Schutzleitern, PEN-PEL oder PEM-Leitern, kombinierten Schutz- und Funktionserdungsleitern, Strömen in Schutzleitern, verstärkten Schutzleitern, Anordnung von Schutzleitern, Schutzpotentialausgleichsleitern, und im Anhang Berechnungsverfahren und Beispiele für die Darstellung von Erdungsanlagen und Schutzleitern und dem Errichten von Fundamenterdern in Beton oder in Erde verlegt.*

DIN VDE 0100-600:2017-06 „Errichten von Niederspannungsanlagen – Teil 6: Prüfungen“: *Dieser Teil der DIN-VDE-Normen enthält Anforderungen an die Erstprüfung elektrischer Anlagen durch Besichtigen, Erproben, Messen, so auch an Teilen für Erdungsanlagen, wie Prüfung der Durchgängigkeit bei Verbindungen zu Körpern, Aufnahme der Anforderungen zum Messen des Isolationswiderstands zwischen aktiven Leitern, verbesserte Angaben zur Prüfung der Spannungspolarität, Berechnung des Erderwiderstands als Alternative zur Messung des Erderwiderstands, Hinweis zu zusätzlichem Schutz durch Schutzpotentialausgleich, Bedingungen für Messverfahren zum Isolationswiderstand an Fußböden und Wänden, verschiedene Möglichkeiten zu Messverfahren für die Messung des Erderwiderstands.*

DIN EN IEC 61936-1 (VDE 0101-1):2023-02 „Starkstromanlagen mit Nennwechselspannungen über 1 kV AC und 1,5 kV DC – Teil 1: Wechselstrom“: *Errichtungsbestimmungen für Starkstromanlagen über 1 kV. Die Themen Erdung und Schutz bei indirektem Berühren sind beschrieben, außerdem sind in der Neuausgabe aus dem Jahr 2023 einige Begriffe verbessert und neu dargestellt. Der Schutz gegen Blitzeinschlag wurde erweitert und außerdem hat das zuständige Komitee in „Errichten von Starkstromanlagen über 1 kV und deren Erdung“ weitere Anforderungen zu Erdung eingearbeitet.*

DIN EN 50522 (VDE 0101-2):2023-10 „Erdung von Starkstromanlagen mit Nennwechselspannungen über 1 kV“: *Die Norm ist anwendbar zur Festlegung von Anforderungen für die Projektierung und Errichtung von Erdungsanlagen für Starkstromanlagen in Netzen mit Nennwechselspannungen über 1 kV und einer Nennfrequenz bis einschließlich 60 Hz. Sie soll eine sichere und störungsfreie Funktion im bestimmungsgemäßen Betrieb sicherstellen. Es sind Anforderungen enthalten an die Planung, Errichtung, Prüfung und Instandhaltung von Erdungsanlagen. Außerdem ist der Hinweis enthalten, dass weitere Anforderungen aus IEC 61936-1:2010 anzuwenden sind. Diese Norm gilt* ***nicht*** *für:*

- *Freileitungen und Kabel zwischen getrennten Anlagen,*
- *elektrifizierte Bahnstrecken und Fahrzeuge,*
- *Bergwerksausrüstungen und -anlagen,*
- *Leuchtröhrenanlagen,*
- *Anlagen auf Schiffen und Offshore-Plattformen,*
- *elektrostatische Einrichtungen,*
- *Prüffelder,*
- *medizinische Einrichtungen.*

In der Neuausgabe aus dem Jahr 2023 sind einige Änderungen vorgenommen, wie die Aktualisierung der Berührungsspannungen, verbesserte Bilder zur Verteilung der Erdfehlerströme, Verbesserung der Arbeitsschritte zur Auslegung von Erdungsanlagen. Weiterhin ist die zulässige Leerlaufberührungsspannung und Schrittspannung überarbeitet, der rostfreie Stahl ist in Anhang C und D eingeführt sowie Details zur Messung des spezifischen Erdwiderstands und Messung von Berührungsspannungen.

DIN EN 60909-0 (VDE 0102):2016-12 „Kurzschlussströme in Drehstromnetzen – Teil 0: Berechnung der Ströme“: *beinhaltet ein genormtes Berechnungsverfahren zur Kurzschlussstromermittlung in Niederspannungsnetzen und in Hochspannungsnetzen bei Frequenzen von 50 Hz bis 60 Hz.*

DIN VDE 0105-100:2015-10 „Betrieb von elektrischen Anlagen – Teil 100: Allgemeine Anforderungen“: *Betrieb von Starkstromanlagen von Kleinspannung bis Hochspannung für Wechsel- oder Gleichspannung. Anforderungen beim Erden und Kurzschließen sind in zwei Abschnitte für Nieder- und Hochspannungsanlagen unterteilt.*

DIN VDE 0109:2020-01 „Elektrische Energieversorgungsnetze – Allgemeine Aspekte und Verfahren der Instandhaltung von Anlagen und Betriebsmitteln“: *Die Instandhaltung trägt wesentlich dazu bei, die Zuverlässigkeit von Betriebsmitteln und Anlagen während der gesamten Zeit der Lebenszyklen sicherzustellen. Die Norm legt Anforderungen an die Instandhaltung in Elektrizitätsversorgungsnetzen fest und gibt z. B. Maßnahmen zur Feststellung des Istzustands von Erdungsanlagen/Erdleitern an. In der Neuauflage wurden die bisherigen zwei Teile der Norm zusammengefasst, d. h., der bisherige 2. Teil ist als informativer Anhang integriert worden.*

DIN EN 50122-1 (VDE 0115-3):2023-02 „Bahnanwendungen – Ortsfeste Anlagen – Elektrische Sicherheit, Erdung und Rückleitung – Teil 1: Schutzmaßnahmen gegen elektrischen Schlag“: *Das Dokument legt die Anforderungen für die Schutzmaßnahmen in Bezug auf die elektrische Sicherheit in ortsfesten Anlagen fest, die mit Wechsel- und oder Gleichstrombahnsystemen verbunden sind.*

DIN EN 61851-23 (VDE 0122-2-3):2014-11 „Konduktive Ladesysteme für Elektrofahrzeuge – Teil 23: Gleichstromladestationen“: *Es geht um Gleichstromladestationen für Elektrofahrzeuge zur kabelgebundenen Verbindung. In einem Abschnitt wird u. a. auch auf die normgerechte Erdung hingewiesen.*

DIN IEC/TS 60479-1 (VDE 0140-479-1):2007-05 „Wirkungen des elektrischen Stroms auf Menschen und Nutztiere – Teil 1: Allgemeine Aspekte“: *Diese technische Spezifikation ist dazu bestimmt, eine grundlegende Anleitung über die Wirkungen von elektrischen Strömen auf Menschen und Nutztiere zu geben, um als Leitfaden beim Erarbeiten von Anforderungen für elektrische Sicherheit zu dienen.*

DIN EN 50162 (VDE 0150):2005-05 „Schutz gegen Korrosion durch Streuströme aus Gleichstromanlagen“: *Diese Norm stellt die allgemeinen Grundlagen dar, die anzuwenden sind, um die Auswirkungen der Streustromkorrosion, die durch Gleichstrom verursacht wird, auf erdverlegte Anlagen zu minimieren. Es werden u. a. Feststellung, Messung und Kriterien der Streustrombeeinflussungen, kathodische Korrosionsschutzsysteme, Streustromkorrosion, Potentialmessungen, Kriterien für die max. zulässige Potentialverschiebung, Beeinflussungssituationen und Schutzmaßnahmen bearbeitet.*

DIN VDE 0151:1986-06 „Werkstoffe und Mindestmaße von Erdern bezüglich der Korrosion“: *wichtige Anforderungen an Erdungsanlagen, für die Auswahl der Erder Werkstoffe, Prüfungen und sonstige Korrosionsschutzmaßnahmen und Hinweise.*

DIN EN 60079 (VDE 0165-1):2014-10 „Explosionsgefährdete Bereiche – Teil 14: Projektierung, Auswahl und Errichtung elektrischer Anlagen“ und weitere Teile dieser Normenreihe: *Diese Anforderungen ergänzen die Normen der Reihe DIN VDE 0100 für die Errichtung elektrischer Anlagen in nicht explosionsgefährdeten Bereichen und ist zuständig für elektrische Anlagen in explosionsfähigen Atmosphären. An mehreren Stellen dieser Normengruppe werden Hinweise zu Erdungsanlagen oder Teilen davon gegeben, so z. B. im Teil 1, Abschnitt 6.*

DIN EN 62305-305 (VDE 0185-305-1):2011-10 „Blitzschutz – Teil 1: Allgemeine Grundsätze“: *Die Norm stellt ein Gesamtkonzept zum Blitzschutz dar und berücksichtigt umfassend die Gefährdung (direkte und indirekte Blitzeinschläge, Strom und Magnetfeld des Blitzes) und die Schadensursachen (Schritt- und Berührungsspannungen, gefährliche Funkenbildung, Feuer, Explosion, mechanische und chemische Wirkungen, Überspannungen). Außerdem werden die zu schützenden Objekte (Gebäude, Personen, elektrische und elektronische Anlagen) und die Schutzmaßnahmen (Fangeinrichtungen, Ableitungen, Erdungsanlagen, Potentialausgleichmaßnahmen, Überspannungsschutzgeräte, räumliche Schirmung, Leitungsführung und -schirmung) beschrieben.*

DIN EN 50341-1 (VDE 0210-1):2013-11 „Freileitungen über AC 1 kV – Teil 1: Allgemeine Anforderungen – Gemeinsame Festlegungen“: *Norm für die Errichtung von Freileitungen über 1 kV. Im Abschnitt 6 wird detailliert auf das Thema Erdungsanlagen eingegangen und es werden mechanische und thermische Festigkeiten festgelegt. Weiterhin werden Maßnahmen zur Einhaltung der Berührungsspannungen und der Umgang mit Potentialverschleppungen geregelt.*

DIN EN 50341-2-4 (VDE 0210-2-4):2019-09 „Freileitungen über AC 1 kV – Teil 2-4: Nationale normative Festlegungen für Deutschland“: (*zu Erdungsanlagen, Abschnitt 6 der Norm) Anforderungen an die Bemessung von Erdungsanlagen, Erdungsmaßnahmen gegen Blitzeinwirkungen, Auslegung im Hinblick auf thermische Festigkeit, Auslegung im Hinblick auf den Strom, Auslegung bezüglich Personensicherheit, Grenzwerte der Berührungsspannungen an unterschiedlichen Standorten, grundlegende Auslegung der Erdungsanlage bezüglich zulässiger Berührungsspannungen, Maßnahmen in Anlagen mit isoliertem Sternpunkt oder mit Erdschlusskompensation, Inspektion von Erdungsanlagen vor Ort und Dokumentation.*

DIN VDE 0618-1:2023-03 „Betriebsmittel für den Potentialausgleich – Potentialausgleichsschiene (PAS) für den Hauptpotentialausgleich“: *Die Norm ist für die Prüfung von Anforderungen an Potentialausgleichsschienen anwendbar, die zum Anschließen von z. B. Schutzpotentialausgleichsleiter, Funktionspotentialausgleichsleiter, Schutzleiter oder PEN-Leiter, Erdungsleiter, Anschlussleitungen von Überspannungs-Schutzeinrichtungen und von Funktionserdungsleiter für z. B. den Blitzschutz erforderlich sind. Diese Norm umfasst die konstruktiven Anforderungen, die den Aufbau betreffen,* *die mechanischen Festigkeiten, die Alterungsbedingungen, die Klassifizierung und die entsprechende Einteilung und Kennzeichnung. Potentialausgleichsschienen dienen zum Anschluss von Erdungs- und Schutzleitungen in Innenräumen, sodass alle über sie miteinander verbundenen metallenen Strukturen und Einrichtungen eines Gebäudes sowie den Fundamenterder auf einem gemeinsamen Erdpotential liegen.*

DIN EN IEC 62271-102 (VDE 0671-102):2023-09 „Hochspannungs-Schaltgeräte und -Schaltanlagen – Teil 102: Wechselstrom-Trennschalter und -Erdungsschalter“: *Dieser Teil von IEC 62271 gilt für Wechselstrom-Trennschalter und -Erdungsschalter für Innenraum- und Freiluftaufstellungen für Nennspannungen über 1 000 V und für Betriebsfrequenzen bis einschließlich 60 Hz. Diese Norm gilt auch für die Antriebe dieser Trennschalter und Erdungsschalter und ihrer Hilfseinrichtungen. Zusätzliche Anforderungen an Trennschalter und Erdungsschalter in gekapselten Schaltanlagen sind in IEC 62271-200, IEC 62271-201 und IEC 62271-203 enthalten.*

DIN EN 61230 (VDE 0683-100):2009-07 „Arbeiten unter Spannung – Ortveränderliche Geräte zum Erden oder Erden und Kurzschließen“: *Erdungs- und Kurzschließseile, Auswahl von Seilen, Erdungsseile in Netzen mit direkter Sternpunkterdung, Erdungsseile in Netzen ohne direkte Sternpunkterdung, Kurzschließschienen, Verbindungen von Seilen mit starren Teilen in Erdungs- und Kurzschließvorrichtungen, Anschließteile.*

DIN EN 50310 (VDE 0800-2-310):2020-06 „Telekommunikationstechnische Potentialausgleichsanlagen für Gebäude und andere Strukturen“: *Die Norm gibt Empfehlungen für die Installation von Verbindungen zur Herstellung eines Potentialausgleichs zwischen verschiedenen elektrisch leitenden Bauteilen in Gebäuden und anderen Strukturen, in denen Einrichtungen der Informationstechnik und der Telekommunikation installiert werden, damit das Risiko von elektrischen Gefährdungen für diese Einrichtungen und Kabelverbindungen minimiert wird.*

DIN VDE 0845-6-1:2013-04 „Maßnahmen bei Beeinflussung von Telekommunikationsanlagen durch Starkstromanlagen – Teil 1: Grundlagen, Berechnungs- und Messverfahren“: *Die Norm enthält Festlegungen zum Beeinflussungsschutz (Personen- und Sachschutz) von Telekommunikationssystemen und -anlagen gegenüber asymmetrischen (Längs-) und symmetrischen (Quer-)Spannungen und/oder Strömen, die durch elektrische Energieversorgungs- und Bahnstromsysteme durch induktive, kapazitive oder ohmsche Kopplung induziert werden. Genormte Werte zum Erdbodenwiderstand und zu Reduktionsfaktoren werden in dieser Norm in Anhängen angegeben.*

DIN EN IEC 60728-11 (VDE 0855-1):2023-10 „Kabelnetze für Fernsehsignale, Tonsignale und interaktive Dienste – Teil 11: Sicherheitsanforderungen“: *Die Norm behandelt die Sicherheitsanforderungen ortsfester Anlagen und Geräte in Kabelnetzen und legt insbesondere Anforderungen an die Sicherheit der Anlage, des daran* *arbeitenden Personals und der angeschlossenen Teilnehmer fest. Insbesondere geht es dabei um Änderungen und Anforderungen an berührbare Teile, die Strom- und Spannungsfestigkeit von Bestandteilen und die Risikobewertung von Blitzeinschlägen.*

DIN VDE 0855-300:2008-08 „Funksende- und Funkempfangssysteme für Senderausgangsleistungen bis 1 kW“: *Die Norm legt die Sicherheitsanforderungen für stationäre Anlagen und Geräte fest, die vorwiegend für das Senden und Empfangen von Signalen ausgelegt sind. Es werden Aussagen getroffen zum Potentialausgleich (Abschnitt 6), Schutz gegen Berührung durch Annäherung an elektrische Verteilersysteme (Abschnitt 9), Schutz gegen Berührung leitfähiger Antennenteile (Abschnitt 10), Schutz gegen elektromagnetische Felder (Abschnitt 11), und Schutz gegen atmosphärische Überspannungen (Abschnitt 12).*

DIN 18015-1:2020-05 „Elektrische Anlagen in Wohngebäuden – Teil 1: Planungsgrundlagen“: *Die Norm ist für die Planung von elektrischen Anlagen in Wohngebäuden und den damit in Zusammenhang stehenden elektrischen Anlagen außerhalb der Gebäude relevant. Die Norm beschäftigt sich in den Abschnitten 7 und 8 auch mit Erdungsanlagen und im Abschnitt 9 mit dem Blitzschutzsystem und Überspannungsschutz. Zur Erdungsanlage werden drei Forderungen erhoben:*

- *Die Erdungsanlage in Wohngebäuden muss sich bei der Planung und Errichtung nach den Vorgaben der Netzbetreiber richten,*
- *Die Forderungen aus VDE-AR-N 4100 müssen für eine Erdungsanlage berücksichtigt werden.*
- *Die Ausführung der Erdungsanlagen sind nach DIN 18014:2023-06 (oder gleichwertig) sicherzustellen.*

VDE-AR-N 4100:2019-04 „Technische Regeln für den Anschluss von Kundenanlagen an das Niederspannungsnetz und deren Betrieb (TAR-Niederspannung)“: *In diesen technischen Regeln für den Kundenanschluss sind Anforderungen enthalten, die bei der Planung, der Errichtung und beim Anschluss an das öffentliche Niederspannungsnetz beachtet werden müssen. Hier werden auch Aussagen zu Erdungsanlagen gemacht, und zwar im Abschnitt 12.3.5 Erdungen, wird der Hinweis gegeben, dass*

- *auf eine fachgerechte und zuverlässige Ausführung der Erdung nach DIN VDE 0100-540 zu achten ist und*
- *die Vorgaben des Abschnitts 11.1 der VDE-Anwendungsregel VDE-AR-N 4100 zu berücksichtigen sind.*

Diese Vorgaben machen deutlich: In neu zu errichtenden Gebäuden ist unabhängig vom Netzsystem ein Fundamenterder nach DIN 18014 zu errichten, für:

- *den Blitzschutz,*
- *die Schutzerdung von Antennenanlagen,*
- *die Schutz- und Funktionserdung von Erzeugungsanlagen und Speichern,*
- *die Funktionserdung von Breitbandkabelnetzen und Telekommunikationsnetzen.*

Außerdem wird in VDE-AR-N 4100:2019-04 gefordert, dass der PEN-Leiter bzw. Neutralleiter des Niederspannungsnetzes nicht als Erdungsleiter für diese Schutz- und Funktionszwecke verwendet werden darf. Dann wird noch auf die Notwendigkeit des Fundamenterders hingewiesen, der nach DIN 18014:2023-06 folgenden Aufgaben dient:

- *der Erhöhung der Wirksamkeit des Hauptpotentialausgleichs nach DIN VDE 0100-410,*
- *der Schutzerdung in TT-Systemen,*
- *der Potentialausgleichssteuerung in Gebäuden,*
- *der elektromagnetischen Verträglichkeit (EMV) und*
- *der Einhaltung der Spannungswaage zur Sicherstellung der niederohmigen Erdung des Neutralleiters (oder PEN) als Voraussetzung für den Verzicht des Schaltens des Neutralleiters in Deutschland.*

Merke: Aus den o. g. Anforderungen aus den verschiedenen DIN-VDE-Normen wird die Wichtigkeit der DIN 18014:2023-06 als Querschnittsnorm zum Thema „Erdungsanlagen für Gebäude" deutlich. Aus diesem Grund ist dieser Norm ein großer Anteil des Inhalts gewidmet.

Doch zunächst ein kurzer Überblick zur DIN 18014:2023-06 im Rahmen des Kapitels 2 dieses Buches:

DIN 18014:2023-06: Erdungsanlagen für Gebäude, Planung, Ausführung und Dokumentation: *Allgemeine Anforderungen an Erdungsanlagen, Auswahl von Erdungsanlagen, Ausführung von Erdungsanlagen, verschiedene Arten von Erdern, Kombination von Erdern, besondere Ausführungen, Anschlusspunkte, elektrisch leitende Verbindungen, Auswahl von Werkstoffen und Bauteilen, Überprüfung auf Übereinstimmung und Dokumentation, weitere Formblätter und Entscheidungshilfen im Anhang.*

Auf diese Norm DIN 18014:2023-06, Erdungsanlagen für Gebäude, Planung, Ausführung und Dokumentation wird in weiteren Kapiteln dieses Buch ausführlich eingegangen, doch zunächst bietet **Tabelle 2.1** eine schnelle Übersicht.

Bezeichnung der Norm	DIN 18014:2023-06
Titel der Norm	Erdungsanlagen für Gebäude – Planung, Ausführung und Dokumentation
Ersatz für Übergangs-frist bis	DIN 18014:2014-03 1. Juni 2024
Status	gültige Norm
Anwendungsbeginn	1. Juni 2023
Anwendungsbereich	Anforderungen an die Planung, Ausführung und Dokumentation von Erdungsanlagen für neu zu errichtende Gebäude: • mit oder ohne kombinierte Potentialausgleichsanlage; • die Norm ist auch für die nachträgliche Errichtung der Erdungsanlage in Bestandsgebäuden anwendbar; • die Norm ist auch für bauliche Anlagen anwendbar, die nicht als Gebäude definiert sind, aber dort dennoch eine Erdungsanlage gefordert ist; • die geforderten Funktionen nach dieser Norm werden erfüllt, wenn die Anforderungen dieses Dokuments eingehalten werden; • Hinweis: Neben den Anforderungen dieser Norm können sich für Erdungsanlagen weitere Anforderungen aus anderen Normen ergeben. (→ Kapitel 2 dieses Buchs)
Wesentliche Ände-rungen gegenüber der Norm aus 2014	• Informationen zu Betonfundamenten mit geringer Erdfühligkeit, • Aussagen zu kombinierte Potentialausgleichsanlage, • Arten von Erdern ergänzt, • Informationen zu Werten des spezifischen Erdwiderstands, • Kriterien für die Gleichwertigkeit verschiedener Erdungsanlagen, • Strombelastbarkeit von Erdungsanlagen, • Wert für Durchgangsmessung angepasst und ergänzt, • Formblatt zur Planung der Erdungsanlage, Anhang B, • Hinweis zu CFK-Beton, • Bestimmung des Ausbreitungswiderstands, Anhang G, • Informationen zu Werten des Erdwiderstands, Anhang F, • Informationen zu Fundamenten mit erhöhtem Erdübergangswiderstands, Anhang E
Wesentliche Inhalte	• allgemeine Anforderungen an Erdungsanlagen, • Auswahl von Erdungsanlagen, • Ausführung von Erdungsanlagen, • Anforderungen an eine kombinierte Potentialausgleichsanlage, • Anschlusspunkte, • elektrisch leitende Verbindungen, • Auswahl von Werkstoffen und Bauteilen, • Überprüfung auf Übereinstimmung und Dokumentation, • Anhänge zu Erläuterungen, Formblättern, Informationen und Entschei-dungshilfen
Hinweise auf weitere Normen	Im Kapitel 2 dieses Buchs sind weitere Normen aufgelistet, in denen Anforderungen zu Erdungsanlagen enthalten sind.

Tabelle 2.1 Schnellübersicht zu DIN 18014:2023-06 für Neubauten und Nachrüstungen

3 Begriffe und kurze Erläuterungen

Abdeckung	Eine Abdeckung ist ein Schutzmittel, das dazu dient, direkten Kontakt mit spannungsführenden oder beweglichen Teilen zu verhindern. Sie sind wichtig, um die Sicherheit in elektrischen Installationen zu gewährleisten, indem sie eine physische Barriere zwischen Personen und gefährlichen Komponenten bilden, z. B. bei Teilen elektrischer Betriebsmittel oder elektrischer Anlagen, durch die der Schutz gegen direktes Berühren in allen üblichen Zugangs- oder Zugriffsrichtungen gewährleistet wird. Abdeckungen müssen einen vollständigen Schutz gegen direktes Berühren (→ Basisschutz) aktiver Teile sicherstellen. Das Berühren aktiver Teile soll durch die Abdeckung verhindert werden. DIN VDE 0100-410; DGUV-Vorschrift 3
Abgeschlossene elektrische Betriebsstätte	Eine abgeschlossene elektrische Betriebsstätte ist ein speziell eingerichteter Raum oder Bereich, der für den Betrieb elektrischer Anlagen bestimmt ist und nur von autorisiertem Personal betreten werden darf. Diese Maßnahme dient dem Schutz von Personen, die nicht mit den Gefahren und dem Umgang elektrischer Anlagen vertraut sind, und stellt sicher, dass nur qualifiziertes Personal Zugang hat, wie Ortsnetzstationen, Schalt- und Verteilungsanlagen, Transformatorenzellen. DIN VDE 0100-410; DIN VDE 0100-729; DIN VDE 0100-731
Ableitstrom	Ableitstrom ist der Strom, der unter normalen Bedingungen des Betriebs oder bei einem Fehler von einem Teil der elektrischen Anlage über Isolationsfehler oder andere ungewollte Pfade zur Erde oder zu anderen Teilen fließt. Ein Strom also, der in einem fehlerfreien Stromkreis von aktiven Teilen der Betriebsmittel über die Isolation zur Erde, zum Körper und/oder zu fremden leitfähigen Teilen fließt. Ein geringer Ableitstrom ist normal, doch ein Anstieg kann auf Isolationsprobleme hinweisen und erfordert der Überprüfung, um elektrische Sicherheit zu gewährleisten. Der Ableitstrom ist dann kein Fehlerstrom, wenn er den zulässigen Grenzwert (in DIN-VDE-Bestimmungen enthalten) nicht überschreitet. Fließt der Ableitstrom über den Schutzleiter (PE), wird er auch Schutzleiterstrom (bei Geräten der Schutzklasse I) genannt. DIN EN 61140 (**VDE 0140-1**); DIN VDE 0100-557
Abstand	Durch Abstand wird ein teilweiser Schutz gegen direktes Berühren aktiver Teile sichergestellt. Es dürfen sich keine gleichzeitig berührbaren Teile unterschiedlichen Potentials in einer räumlichen Anordnung von weniger als 2,5 m befinden. DIN VDE 0100-410; DIN VDE 0105-100; DIN VDE 0100-731; DIN EN 50191 (**VDE 0104**); DIN EN 50341-1 (**VDE 0210-1**); DIN VDE 0211; DIN EN IEC 61936-1 (**VDE 0101-1**)

Tabelle 3.1 Begriffe, entlehnt aus verschiedenen DIN-VDE-Normen, wie DIN VDE 0100-200, DIN VDE 0100-410, DIN VDE 0100-540, DIN 18014 und weiteren Normen

Aktive Teile	Aktive Teile sind Komponenten einer elektrischen Anlage, die unter Spannung stehen oder Spannung führen können, wie Leiter und Schaltgeräte. Leiter und leitfähige Teile von Betriebsmitteln, die unter normalen Betriebsbedingungen unter Spannung stehen, wie die Außenleiter und die Neutralleiter. Die PEN-Leiter zählen nicht zu den aktiven Teilen. Aktive Teile müssen gegen direktes Berühren geschützt sein. Der Umgang mit aktiven Teilen erfordert besondere Vorsichts- und Schutzmaßnahmen, um elektrische Unfälle zu vermeiden. Leiter und leitfähige Teile von DIN VDE 0100-200; DIN VDE 0100-410
Anlagen-verantwortlicher	Ein Anlagenverantwortlicher ist eine Person, die vom Unternehmer benannt ist, die unmittelbare Verantwortung für den Betrieb und die Instandhaltung der elektrischen Anlage zu tragen. Der Anlagenverantwortliche muss eine Elektrofachkraft sein. DIN VDE 0105-100
Anlagen im Freien, geschützte und ungeschützte	Anlagen im Freien können als geschützte oder ungeschützte Installationen klassifiziert werden, je nachdem, wie sie gegen Umwelteinflüsse wie Regen, Schnee oder Sonneneinstrahlung gesichert sind. Geschützte Anlagen verfügen über Vorkehrungen wie Überdachungen oder Gehäuse, um den Witterungseinflüssen zu widerstehen, während ungeschützte Anlagen diesen direkt ausgesetzt sind und entsprechend robust konstruiert sein müssen. DIN VDE 0100-200; DIN VDE 0100-737; DIN EN IEC 61936-1(**VDE 0101-1**)
Anschlusspunkt	Ein Anschlusspunkt ist die Stelle, an der eine elektrische Leitung oder ein Gerät mit einer anderen Komponente der Anlage verbunden wird oder der räumliche und physikalische Punkt, an dem elektrische Energie zum Betrieb von elektrischen Anlagen und ortsfesten und ortsveränderlichen Betriebsmitteln entnommen wird. Die korrekte Ausführung von Anschlusspunkten ist entscheidend für die Sicherheit und Effizienz der elektrischen Anlage. DIN VDE 0100-704; DIN 18014; DGUV-Information 203-006
Arbeiten an elektrischen Anlagen	Arbeiten an elektrischen Anlagen und Betriebsmitteln umfassen die Errichtung, die Änderung, die Erweiterung, die Inbetriebnahme, die Instandhaltung und das Prüfen. Die Arbeiten sind unter Berücksichtigung aller Normen und Unfallverhütungsvorschriften durchzuführen. Sie lassen sich weiter unterteilen in: • Arbeiten an aktiven Teilen, • Arbeiten in der Nähe aktiver Teile, • gelegentliche Stell- und Bedientätigkeit in der Nähe berührungsgefährlicher Teile, • Arbeiten an unter Spannung stehender Teile. DIN VDE 0105-100; DGUV-Vorschrift 3
Arbeits-verantwortlicher	Arbeitsverantwortliche sind Personen, die als solche benannt sind und die die unmittelbare Verantwortung für die Durchführung der Arbeiten tragen. Der Arbeitsverantwortliche ist im Sinne der Arbeitssicherheit tätig. Diese Rolle erfordert umfassendes Wissen über die Anlage, die Arbeitssicherheitsvorschriften und die Fähigkeit, sicherheitsrelevante Entscheidungen zu treffen. DIN VDE 0105-100

Tabelle 3.1 (*Fortsetzung*) Begriffe, entlehnt aus verschiedenen DIN-VDE-Normen, wie DIN VDE 0100-200, DIN VDE 0100-410, DIN VDE 0100-540, DIN 18014 und weiteren Normen

Art der Erd-verbindung	Aus der Kombination der Art der Erdung und der Schutzeinrichtung entsteht die Kennzeichnung der Schutzmaßnahme gegen gefährliche Körperströme sowie des Schutzes durch Abschaltung oder Meldung bzw. Schutz durch automatische Abschaltung der Stromversorgung oder Meldung. Es handelt sich um charakteristische Merkmale der Stromversorgungssysteme hinsichtlich der entsprechenden Erdverbindung. Das erste Merkmal: Erdung des Systems, des Sternpunkts oder die Isolierung aller Netzpunkte gegen Erde. Das zweite Merkmal: die Verbindung der Körper der elektrischen Betriebsmittel in einer Verbraucheranlage mit dem geerdeten Punkt des Stromversorgungssystems oder den Anschluss der Körper an einen Erder in der Verbraucheranlage. → TN-Systemen, TT-Systemen oder IT-Systemen siehe: DIN VDE 0100-100; DIN VDE 0100-200; „Lexikon der Installationstechnik" (Schriftenreihe 52), VDE VERLAG
Ausbreitungs-widerstand	Der Ausbreitungswiderstand ist der elektrische Widerstand zwischen der Erdungseinrichtung und der umgebenden Erde (Bezugserde). Der Ausbreitungswiderstand ist ein entscheidender Faktor für die Wirksamkeit der Erdung. Ein niedriger Wert ist wichtig, um sicherzustellen, dass im Fehlerfall ein ausreichender Strom abgeleitet werden kann.
Außenleiter	Außenleiter sind die Leiter in einem elektrischen System, die den Strom von der Stromquelle zu den elektrischen Verbrauchern führen. In Drehstromsystemen gibt es üblicherweise drei Außenleiter (L1, L2, L3), die zusammen mit dem Neutralleiter und ggf. dem Schutzleiter die Verbindung zum Verbraucher herstellen. Farbkennzeichen: jede Farbe, außer grün-gelb, grün, gelb oder mehrfarbig.
Äußere Einflüsse	Äußere Einflüsse sind Umwelt- oder Betriebsbedingungen, die die Leistung und Sicherheit elektrischer Installationen beeinflussen können, wie Feuchtigkeit, Temperatur, mechanische Beanspruchung und chemische Einwirkungen. Bei der Planung und dem Betrieb elektrischer Anlagen müssen diese Einflüsse wie Staub, Feuchtigkeit, Korrosion, mechanische Beanspruchung, Betriebsart, Spannungsschwankungen, Kurzschlussleistung und Spannungshöhe berücksichtigt werden, um Schäden und Gefahren zu vermeiden. Die unterschiedlichen äußeren Einflüsse auf elektrische Anlagen und Betriebsmittel werden durch Kurzzeichen dargestellt. DIN VDE 0100-510
Basis-isolierung	Basisisolierung ist die Isolation unter Spannung stehender Teile, die einen grundlegenden Schutz gegen elektrischen Schlag durch direktes Berühren spannungsführender Teile bietet. Sie ist die erste Schutzebene und muss durch zusätzliche Schutzmaßnahmen ergänzt werden, um ein hohes Sicherheitsniveau zu erreichen. Der Begriff Basisisolierung gilt nicht für die Isolierung, die ausschließlich Funktionszwecken dient. DIN VDE 0100-200; DIN VDE 0100-410; IEV 195-06-06

Tabelle 3.1 (*Fortsetzung*) Begriffe, entlehnt aus verschiedenen DIN-VDE-Normen, wie DIN VDE 0100-200, DIN VDE 0100-410, DIN VDE 0100-540, DIN 18014 und weiteren Normen

Basisschutz	Basisschutz bezeichnet Maßnahmen, die zum Schutz vor direktem Berühren aktiver Teile und damit vor elektrischen Schlägen dienen. Dazu gehören unter anderem die → Basisisolierung, Abdeckungen und Gehäuse, die verhindern, dass Personen versehentlich mit gefährlichen Spannungen in Kontakt kommen. Es handelt sich dann um einen vollständigen Schutz, wenn absichtliches oder unabsichtliches Berühren spannungsführender Teile ausgeschlossen ist. Ein teilweiser Schutz ist lediglich ein Schutz gegen unabsichtliches und damit zufälliges Berühren aktiver Teile. Der teilweise Schutz ist nur dort zulässig, wo elektrotechnische Laien keinen Zugang haben. Der Basisschutz ist möglich durch: • Schutz durch Hindernisse, • Schutz durch Anordnung außerhalb des Handbereichs, • Schutz durch Abdeckung oder Umhüllung, • Schutz durch Isolierung. DIN VDE 0100-410
Bauliche Anlage	Eine bauliche Anlage ist eine mit dem Erdboden verbundene, aus Bauprodukten hergestellte Anlage. DIN 18014
Bemessungswert	Der Bemessungswert ist ein spezifizierter Wert, der die Grenzen angibt, innerhalb derer ein elektrisches Bauteil oder System sicher und effektiv betrieben werden kann. Bemessungswerte, wie Bemessungsstrom und Bemessungsspannung, sind entscheidend für die Auswahl und Dimensionierung elektrischer Komponenten. Der Bemessungswert ist ein für eine vorgegebene Betriebsbedingung geltender Wert einer Größe, wie Spannung, Strom, der im Allgemeinen vom Hersteller für ein Bauteil, ein Gerät oder eine elektrische Anlage festgelegt wird. Der Bemessungswert kann gleich oder größer dem Nennwert sein. Er legt den max. Wert einer Größe im Normalbetrieb fest. DIN EN 61010-1 (**VDE 0411-1**)
Berührungsspannung	Berührungsspannung ist die Spannung, die zwischen leitfähigen Teilen und der Erde oder zwischen leitfähigen Teilen untereinander bei einem Fehler auftritt und die von einer Person berührt werden kann. Die Begrenzung der Berührungsspannung ist wesentlich, um das Risiko elektrischer Schläge zu minimieren. Oder anders ausgedrückt ist die Berührungsspannung die Spannung (U_T), die am menschlichen Körper oder am Körper des Nutztieres auftritt, wenn dieser vom Strom durchflossen wird, d. h. die Spannung, die zwischen zwei gleichzeitig berührbaren Teilen während eines Isolationsfehlers auftreten kann. Im Normalfall: darf bei Wechselspannung max. 50 V; bei besonderen Betriebsbedingungen 25 V auftreten. DIN VDE 0100-200; DIN VDE 0100-410; DIN EN IEC 61936-1 (**VDE 0101-1**)
Berührungsgefährliche Teile	Berührungsgefährliche Teile sind Bestandteile elektrischer Anlagen, die im Fehlerfall gefährliche Spannungen annehmen können. Gegen berührungsgefährliche Teile müssen daher Schutzmaßnahmen wie Isolierung, Abdeckungen oder Hindernisse ergriffen werden, um direkten Kontakt zu vermeiden. DIN VDE 0100-200; DIN VDE 0100-410

Tabelle 3.1 (*Fortsetzung*) Begriffe, entlehnt aus verschiedenen DIN-VDE-Normen, wie DIN VDE 0100-200, DIN VDE 0100-410, DIN VDE 0100-540, DIN 18014 und weiteren Normen

Berührungs-strom	Berührungsstrom ist der Strom, der durch die Berührung eines Menschen mit leitfähigen Teilen durch den Körper fließt. DIN VDE 0100-410
Betriebs-erdung	Betriebserdung wird in elektrischen Energieversorgungsnetzen eingesetzt, um einen definierten Erdungspunkt im Netz zu schaffen, was für die Netzstabilität und den Schutz bei Überströmen wichtig ist.
Bewegungs-fuge	Eine Bewegungsfuge ist eine Fuge, die Bewegungen, wie Dehnungen, Setzungen und dergleichen ermöglicht, sodass keine schädlichen mechanischen Spannungen an den Bauteilen auftreten können. DIN 18014
Bezugserde	Bezugserde ist der Teil der Erde, dessen elektrisches Potential keine Abweichungen von dem mit null festgelegten Erdpotential hat.
Blitzschutz-erdung	Blitzschutzerdung schützt Gebäude und elektrische Anlagen vor den direkten und indirekten Auswirkungen von Blitzeinschlägen.
Blitzschutz-fachkraft	Eine Blitzschutzfachkraft ist eine Person, die aufgrund ihrer fachlichen Ausbildung, Kenntnisse und Erfahrungen sowie ihrer Kenntnis der einschlägigen Normen, Blitzschutzsysteme planen, errichten und prüfen kann.
Differenz-strom	Differenzstrom ist der im Fehlerfall zur Erde abschließende Strom, der die Auslösung einer Differenzstrom-Schutzeinrichtung, z. B. einer Fehlerstrom-Schutzeinrichtung (RCD), bewirkt. Anmerkung: Bei Fehlerstrom-Schutzeinrichtungen (RCDs) nach den Normen der Reihe VDE 0664 wird der Differenzstrom in Deutschland mit Fehlerstrom bezeichnet. DIN VDE 0100-200
Elektrische Anlagen	Elektrische Anlagen umfassen die Gesamtheit aller elektrischen Betriebsmittel und Installationen, die für die Erzeugung, Übertragung, Verteilung, Umwandlung und Nutzung und Speicherung elektrischer Energie konzipiert sind. Sie reichen von einfachen Haushaltsinstallationen bis hin zu komplexen industriellen Stromversorgungsnetzen und müssen den geltenden DIN-EN-IEC- bzw. DIN-VDE-Normen entsprechen. DIN VDE 0100-200; DGUV-Vorschrift 3
Elektrische Betriebsmittel, ortsfeste und ortsveränderliche	Elektrische Betriebsmittel können als ortsfeste (fest installierte) oder ortsveränderliche (tragbare oder bewegliche) Geräte klassifiziert werden, je nachdem, ob sie fest mit einem Ort verbunden sind oder nicht. DIN VDE 0100-200; DGUV-Information 203-006
Elektrische Verbrauchs-mittel	Elektrische Verbrauchsmittel sind Geräte oder Anlagen, die elektrische Energie in andere Energieformen umwandeln, wie Licht, Wärme oder mechanische Energie. Beispiele für elektrische Verbrauchsmittel sind Leuchten, Heizgeräte und Motoren. Ihre Effizienz und Sicherheit sind zentrale Aspekte bei der Auswahl und Nutzung. DIN VDE 0100-200; DIN VDE 0100-708; DGUV-Information 201-006

Tabelle 3.1 (*Fortsetzung*) Begriffe, entlehnt aus verschiedenen DIN-VDE-Normen, wie DIN VDE 0100-200, DIN VDE 0100-410, DIN VDE 0100-540, DIN 18014 und weiteren Normen

Elektrischer Schlag	Ein elektrischer Schlag ist eine physiologische Reaktion, die auftritt, wenn der menschliche Körper Teil eines elektrischen Stromkreises wird. Die Schwere eines elektrischen Schlags kann von einem kaum wahrnehmbaren Kribbeln bis hin zu schweren Verletzungen oder Tod reichen, abhängig von der Stromstärke, der Dauer der Einwirkung und dem Weg des Stroms durch den Körper. IEC-Bericht 479
Elektro-fachkraft	Eine Elektrofachkraft ist eine Person, die durch die fachliche Ausbildung, Kenntnisse und Erfahrungen über die Elektrotechnik, Kenntnisse über die DIN-VDE-Bestimmungen und über die fachliche Qualifikation für das Errichten und Betreiben elektrischer Anlagen und Betriebsmittel verfügt. Sie muss die möglichen Gefahren der Elektrizität erkennen können. DIN VDE 0105-100; DGUV-Vorschrift 3
Elektro-technisch unterwiesene Person	Die Anforderungen an elektrotechnisch unterwiesene Personen sind geringer als die an die Elektrofachkraft. Es werden nur Kenntnisse für die ihr übertragenen Aufgaben vorausgesetzt. Sie gilt als ausreichend qualifiziert, wenn sie zu den ihr übertragenden Aufgaben und die möglichen Gefahren durch unsachgemäße Handlungen unterwiesen, eingewiesen und angelernt worden ist. DIN VDE 0105-100; DGUV-Vorschrift 3
Elektro-technischer Laie	Ein elektrotechnischer Laie ist eine Person, die weder Elektrofachkraft noch als elektrotechnisch unterwiesene Person qualifiziert ist. Gemäß DGUV-Vorschrift 3 dürfen elektrotechnische Laien nur unter Leitung und Aufsicht einer Elektrofachkraft Tätigkeiten in elektrischen Anlagen bzw. an Betriebsmitteln durchführen. DIN VDE 0105-100; DGUV-Vorschrift 3
Erde	Die Erde ist ein leitender Stoff, dessen elektrisches Potential außerhalb des Einflussbereichs von Erdern null ist. Dies wird als Bezugserde bezeichnet. Wird über den Erder einer Erdungsanlage oder andere leitfähige Teile ein Strom in die Erde geleitet, erhält die Erde in diesem Bereich ein von null abweichendem Potential. An der Erdoberfläche entsteht dann gegenüber der Bezugserde das Erdoberflächenpotential. Die dabei auftretende Spannung zwischen Erder und Bezugserde wird als Erdungsspannung bezeichnet. Erde ist die Bezeichnung als Ort, wie auch für die Erde als Stoff, z. B. Bodenart, Lehm, Sand, Stein. Die Erde dient als Rückleiter in vielen elektrischen Systemen und ist zentraler Bestandteil von Erdungs- und Schutzmaßnahmen.
Erder	Ein Erder ist eine Vorrichtung, die zur Herstellung einer elektrischen Verbindung mit der Erde dient, um elektrische Ströme sicher in den Boden abzuleiten. Er besteht aus leitfähigem Material und ist unmittelbar in Erde oder in ein mit Erde verbundenes Fundament eingebracht und bildet mit diesen eine elektrische Verbindung. Die Erder erfüllen verschiedene Funktionen (Betriebserder, Schutzerder) und werden nach unterschiedlichen Ausführungsformen errichtet. DIN VDE 0100-200; DIN VDE 0100-540; DIN VDE 0151; DIN EN 50522 (**VDE 0101-2**); DIN 18014

Tabelle 3.1 (*Fortsetzung*) Begriffe, entlehnt aus verschiedenen DIN-VDE-Normen, wie DIN VDE 0100-200, DIN VDE 0100-410, DIN VDE 0100-540, DIN 18014 und weiteren Normen

Erdernetz	Ein Erdernetz ist eine Anordnung von Leitern, die im Boden vergraben sind und eine flächige Erdung ermöglichen. Erdernetze werden häufig in Industrieanlagen eingesetzt, um den Ausbreitungswiderstand zu verringern und eine gleichmäßige Potentialverteilung sicherzustellen.
Erder-werkstoff	Erderwerkstoff bezeichnet das Material, aus dem ein Erder besteht, und ist entscheidend für dessen Leitfähigkeit und Korrosionsbeständigkeit. Häufig verwendete Erderwerkstoffe sind Kupfer, verzinkter Stahl oder spezielle Legierungen, die eine dauerhafte und effektive Erdung gewährleisten.
Erdreich	Das Erdreich bezeichnet den Teil der Erdoberfläche, der für die Verlegung von Erdern und die Ausbreitung elektrischer Erdströme genutzt wird. Die Beschaffenheit des Erdreichs (die unterschiedlichen möglichen Bodenarten wie Gestein, Lehm, Sand, Kies), wie Feuchtigkeitsgehalt und Leitfähigkeit, beeinflusst den Ausbreitungswiderstand und damit die Effizienz der Erdungsanlage.
Erdschluss	Ein Erdschluss ist eine unbeabsichtigte Verbindung zwischen einem aktiven Leiter und der Erde oder erdverbundenen Teilen, oft verursacht durch Isolationsfehler. Erdschlüsse können zu gefährlichen Berührungsspannungen führen und müssen schnell erkannt und behoben werden, um Sicherheit zu gewährleisten.
Erdung	Erdung bezeichnet die Maßnahmen, die getroffen werden, um eine elektrische Anlage oder Teile davon mit dem Erdboden leitend zu verbinden, um die Sicherheit zu erhöhen und elektromagnetische Interferenzen zu reduzieren. Eine ordnungsgemäße Erdung schützt Personen vor elektrischen Schlägen und elektrische Anlagen vor Schäden durch Überspannungen oder Blitzeinschlag. Alle Maßnahmen also, die zum Erden getroffen werden, und alle dazu erforderlichen Betriebsmittel werden in der Gesamtheit als Erdung bezeichnet. Schutzerdung: zum Zwecke der elektrischen Sicherheit; Funktionserdung: zu funktionellen Zwecken
Erdungs-widerstand	Der Erdungswiderstand ist der Widerstand, der der Ableitung des Stroms in die Erde entgegenwirkt, gemessen zwischen dem Erder und einem entfernten Punkt der Erde. Ein niedriger Erdungswiderstand ist für die Effektivität von Schutzmaßnahmen entscheidend, insbesondere in Bezug auf den Schutz bei Überströmen und Blitzeinschlägen. Der Erdungswiderstand besteht aus dem Widerstand der Erdungsleitung und dem Ausbreitungswiderstand. DIN VDE 0100-540
Erdungs-anlagen	Erdungsanlagen sind Systeme, die aus Erdern, Verbindungsleitungen und anderen Komponenten bestehen, um eine sichere elektrische Verbindung zur Erde herzustellen. Sie dienen der Gewährleistung der elektrischen Sicherheit durch Minimierung des Risikos elektrischer Schläge und der Begrenzung von Störströmen und Überspannungen. DIN 18014

Tabelle 3.1 (*Fortsetzung*) Begriffe, entlehnt aus verschiedenen DIN-VDE-Normen, wie DIN VDE 0100-200, DIN VDE 0100-410, DIN VDE 0100-540, DIN 18014 und weiteren Normen

Erdungs-leiter	Ein Erdungsleiter ist ein Leiter (Schutzleiter, der die Haupterdungsklemme oder -schiene mit dem Erder verbindet) und der zur Verbindung elektrischer Anlagen mit dem Erdungssystem dient, um einen sicheren Pfad für den Fehlerstrom zu bieten. Die korrekte Dimensionierung und Installation von Erdungsleitern sind entscheidend für die Wirksamkeit der Erdungsmaßnahmen und den Schutz von Personen und Anlagen. DIN VDE 0100-540
Erdungs-strom	Der Erdungsstrom ist der Strom, der über einen Erder in das Erdreich fließt, typischerweise bei einem Fehlerfall oder während des Betriebs von Schutzerdungssystemen. Der Erdungsstrom ist der gesamte über die Erdungsimpedanz in die Erde fließende Strom. Er ist ein Teil des Erdfehlerstroms und beeinflusst die Potentialanhebung der Erdungsanlage gegenüber der Bezugserde.
Erdung-swiderstand	Der Erdungswiderstand ist die Summe des Ausbreitungswiderstands des Erders und dem Widerstand der Erdungsleitung. Nach DIN 18014 ist es ein ohmscher Widerstand der Erde zwischen einem Erder und der Bezugserde, also des dazwischen liegenden Erdkörpers, der am Stromübergang der Erderelektrode und bei der Ausbreitung des Stroms im Erdboden in Erscheinung tritt und eine Spannungsdifferenz zwischen der Erdungsanlage und der Erdoberfläche außerhalb des Wirkungsbereichs der Erdungsanlage bewirkt. DIN 18014
Fehlerschutz	Fehlerschutz, Schutz bei indirektem Berühren, bezeichnet die Gesamtheit aller Maßnahmen, die dazu dienen, Personen und Sachwerte vor den Auswirkungen elektrischer Fehler, wie Überströmen oder Kurzschlüssen, zu schützen. Dazu gehören unter anderem Schutzschalter, Sicherungen und die ordnungsgemäße Auslegung und Installation von Erdungs- und Überspannungsschutzsystemen. Die Anforderungen an Schutzmaßnahmen sind besonders dann hoch, wenn die Einwirkungen auf die Betriebsmittel durch äußere Einflüsse hoch sind und andererseits die Auswirkungen im Fehlerfall durch elektrische Betriebsmittel auf die dort vorhandenen Personen hoch sein können. DIN VDE 0100-410
Fehlerstrom	Fehlerstrom ist der Strom, der infolge eines Isolationsfehlers oder eines anderen Fehlers zwischen zwei bestimmungsgemäß voneinander isolierten Teilen in einem elektrischen System von dem Normalzustand abweicht und über einen nicht vorgesehenen Weg fließt. Es handelt sich dabei je nach Fehlerart um einen Kurzschluss- oder Erdschlussstrom. Als Fehlerstrom wird auch der zur Erde abfließende Strom bezeichnet, der die Auslösung, z. B. einer Fehlerstrom-Schutzeinrichtung (RCD) bewirkt. DIN EN 50522 (**VDE 0101-2**)
Fehlerstrom-Schutzein-richtungen (RCDs)	Fehlerstrom-Schutzeinrichtungen (Residual Current Devices, RCDs) sind Sicherheitsgeräte, die elektrische Anlagen automatisch abschalten, wenn sie einen Fehlerstrom, der durch einen Menschenkörper fließen könnte, feststellen. RCDs ist die einheitliche Bezeichnung für verschiedene Arten von Fehlerschutzschaltern, Fehlerschutzgeräten und Fehlerschutzeinrichtungen (Bedeutung RCD: **R**esidual **C**urrent protective **D**evice; frühere Bezeichnung Fehlerstrom-(FI-)Schutzschaltung). DIN VDE 0100-410; DIN VDE 0100 Gruppe 700

Tabelle 3.1 (*Fortsetzung*) Begriffe, entlehnt aus verschiedenen DIN-VDE-Normen, wie DIN VDE 0100-200, DIN VDE 0100-410, DIN VDE 0100-540, DIN 18014 und weiteren Normen

Fremde leitfähige Teile	Fremde leitfähige Teile sind metallische Teile einer Anlage oder Installation, die nicht zum elektrischen System gehören, aber ein Potenzialführungsrisiko darstellen, wenn sie unter Spannung geraten. Diese Teile müssen in das Konzept des Schutzpotentialausgleichs einbezogen werden, um eine Potenzialgleichheit sicherzustellen und elektrische Schläge zu verhindern. DIN VDE 0100-200
Fundamenterder	Ein Fundamenterder ist ein Erdungsleiter, der im Fundament eines Gebäudes verlegt wird, um eine dauerhafte und effektive elektrische Verbindung mit dem Erdreich herzustellen. Der Fundamenterder bildet die Basis für das Erdungssystem des Gebäudes und ist entscheidend für den Schutz von elektrischen Anlagen und Personen vor elektrischen Schlägen und Überspannungen. DIN 18014
Funktionserdung	Funktionserdung bezieht sich auf das Erdungssystem, das speziell für die korrekte Funktion elektronischer oder elektrischer Systeme ausgelegt ist, unabhängig von Schutzerdungsmaßnahmen. Sie ist insbesondere in komplexen elektronischen Anlagen von Bedeutung, um Störungen durch elektromagnetische Interferenzen zu minimieren und die Betriebssicherheit zu erhöhen. Sie dient der Betriebssicherheit der elektrischen Anlagen und sorgt für eine stabile Spannungsebene gegenüber der Erde. DIN 18014
Funktionspotentialausgleich	Funktionspotentialausgleich ist der Potentialausgleich für Zwecke, die nicht der elektrischen Sicherheit dienen. DIN 18014
Gebäude	Gebäude sind selbstständig benutzbare, überdeckte bauliche Anlagen, die von Menschen betreten werden können und geeignet sind, dem Schutz von Menschen, Tieren oder Sachen zu dienen. DIN 18014
Gefährdungsbeurteilung	Eine Gefährdungsbeurteilung ist der Prozess der Identifikation, Analyse und Bewertung von Risiken, die mit elektrischen Anlagen und Arbeiten verbunden sind, um geeignete Schutzmaßnahmen zu ergreifen. Dieser systematische Ansatz hilft, potenzielle Gefahren zu erkennen und durch präventive Maßnahmen die Sicherheit und Gesundheit von Personen zu gewährleisten. Elektrische Anlagen und Betriebsmittel sollen nach den Unfallverhütungsvorschriften einer Gefährdungsbeurteilung unterzogen werden. Das Arbeitsschutzgesetz und die Betriebssicherheitsverordnung fordern dies von den Unternehmern/Arbeitgebern. Dabei reicht es aus, für eine Gruppe elektrischer Betriebsmittel eine Gefährdungsbeurteilung vornehmen zu lassen. Arbeitsschutzgesetz; Betriebssicherheitsverordnung. DGUV-Information 203-006; DGUV-Vorschrift 1
Gesamterdungswiderstand	Der Gesamterdungswiderstand ist der Wert des Erdungswiderstands aller an der Haupterdungsschiene des Gebäudes angeschlossener Erder. DIN 18014

Tabelle 3.1 (*Fortsetzung*) Begriffe, entlehnt aus verschiedenen DIN-VDE-Normen, wie DIN VDE 0100-200, DIN VDE 0100-410, DIN VDE 0100-540, DIN 18014 und weiteren Normen

Globales Erdungssystem	Ein globales Erdungssystem ist ein durch die Verbindung von örtlichen Erdungsanlagen hergestelltes Erdungssystem, das sicherstellt, dass durch den geringeren Abstand dieser Erdungsanlagen keine gefährlichen Berührungsspannungen auftreten. DIN 18014
Grenzwerte	Grenzwerte bezeichnen die max. zulässigen Werte physikalischer oder chemischer Parameter, die aus Sicherheits-, Gesundheits- oder Umweltschutzgründen nicht überschritten werden dürfen. Bei elektrischen Anlagen beziehen sich Grenzwerte oft auf Spannungen, Ströme oder Zeitdauern, die aus Sicherheitsgründen nicht überschritten werden sollten, um Personen und Anlagen zu schützen. Die Grenzwerte werden durch eine Rechtsvorschrift oder eine DIN-VDE-Norm festgelegt. Ein Belastungsgrenzwert z. B. zeigt an, ab wann bei einer Unter- oder Überschreitung eine Gesundheitsgefährdung von Personen bestehen kann.
Haupterdungsklemme	Eine Haupterdungsklemme ist ein Anschlusspunkt oder eine Schiene, die Teil der Erdungsanlage einer Anlage ist und die elektrische Verbindung von mehreren Leitern zu Erdungszwecken ermöglichst.
Haupterdungsschiene	Die Haupterdungsschiene ist ein zentraler Punkt, an dem alle Erdungsleiter und Schutzleiter einer Anlage verbunden sind, um eine effektive Erdung sicherzustellen. Sie bildet das Herzstück des Erdungssystems und gewährleistet, dass im Falle eines elektrischen Fehlers ein sicherer Pfad zur Erde besteht. DIN VDE 0100-200; DIN VDE 0100-540
Höchstzulässige Berührungsspannung	Die höchst zulässige Berührungsspannung ist der max. Wert der Spannung, die eine Person berühren kann, ohne ernsthafte Verletzungen zu riskieren. Dieser Wert ist in Sicherheitsvorschriften festgelegt und dient als wichtiger Richtwert für die Auslegung von Schutzmaßnahmen in elektrischen Anlagen: AC 50 V; DC 120 V.
Kenngrößen	Kenngrößen sind spezifische Werte oder Parameter, die zur Beschreibung der Eigenschaften oder Leistungsmerkmale eines Systems oder Bauteils dienen. In der Elektrotechnik umfassen Kenngrößen beispielsweise Spannung, Stromstärke, Widerstand und Leistung, die zur Analyse und Bewertung elektrischer Anlagen verwendet werden, z. B. wird die Wechselspannung durch die Kenngrößen linearer Mittelwert, Gleichrichtwert und Effektivwert beschrieben. **Literaturtipp:** „Kenngrößen für die Elektrofachkraft“ (VDE-Schriftenreihe 59), VDE VERLAG
Kleinspannungen	Kleinspannungen sind Spannungen, die unterhalb eines bestimmten Grenzwerts liegen, der als sicher für direktes Berühren gilt, typischerweise unter 50 V Wechselspannung oder 120 V Gleichspannung. Kleinspannungssysteme werden in Anwendungen eingesetzt, bei denen ein erhöhtes Sicherheitsniveau erforderlich ist, z. B. bei Spielzeugen oder in feuchten Umgebungen.

Tabelle 3.1 (*Fortsetzung*) Begriffe, entlehnt aus verschiedenen DIN-VDE-Normen, wie DIN VDE 0100-200, DIN VDE 0100-410, DIN VDE 0100-540, DIN 18014 und weiteren Normen

	SELV, PELV, FELV: • SELV: Bezeichnung für Schutzkleinspannung (**S**afety **E**xtra **L**ow **V**oltage) • PELV: Bezeichnung für Funktionskleinspannung mit sicherer Trennung (**P**rotective **E**xtra **L**ow **V**oltage) • FELV: Bezeichnung für Funktionskleinspannung ohne sichere Trennung (**F**unctional **E**xtra **L**ow **V**oltage) DIN VDE 0100-410; DGUV-Information 203-004
Körper	Im elektrotechnischen Sinne bezeichnet „Körper" oft die leitfähigen Teile einer elektrischen Anlage, die keinen Betriebsstrom führen, aber im Fehlerfall Spannung annehmen können. Körper müssen geerdet oder isoliert sein, um elektrische Sicherheit zu gewährleisten.
Körperschluss	Ein Körperschluss tritt auf, wenn ein aktiver Leiter ungewollt mit dem → Körper eines elektrischen Geräts in Verbindung kommt, also ein Fehler in leitender Verbindung zwischen aktiven Teilen und Körpern elektrischer Betriebsmittel, was zu einem potenziellen Sicherheitsrisiko führt. Körperschlüsse können zu Fehlfunktionen der Geräte führen und erfordern Schutzmaßnahmen wie die Verwendung von RCDs.
Kombinierte Potentialausgleichsanlage (CBN)	Eine kombinierte Potentialausgleichsanlage ist eine Potentialausgleichsanlage, die sowohl Schutzpotentialausgleich als auch Funktionspotentialausgleich herstellt. DIN 18014
Kurzschluss	Ein Kurzschluss ist eine ungewollte direkte Verbindung zwischen zwei Punkten eines Stromkreises mit unterschiedlichen Potenzialen, was zu einem abrupten Anstieg des Stromflusses führt, also ein Fehler in Verbindungen zwischen gegeneinander unter Spannung stehender Leiter oder aktiven Teilen **ohne Widerstand** (gering) im Fehlerstromkreis. Kurzschlüsse können zu erheblichen Schäden an elektrischen Anlagen führen und erfordern geeignete Schutzvorrichtungen wie Sicherungen oder Leistungsschalter.
Leiterschluss	Leiterschluss bezeichnet eine fehlerhafte Verbindung zwischen zwei oder mehr Leitern, die zu einem ungewollten Stromfluss führt. Also Fehler in Verbindungen zwischen gegeneinander unter Spannung stehender Leiter oder aktiven Teilen mit Widerstand im Fehlerstromkreis. Dieser Begriff wird oft synonym mit Kurzschluss verwendet, kann aber auch spezifische Situationen beschreiben, in denen Leiter unerwünscht verbunden sind.
NAV (früher: AVBEltV)	NAV ist eine Verordnung über „Allgemeine Bedingungen für den Netzanschluss und dessen Nutzung für die Elektrizitätsversorgung in Niederspannung"; Niederspannungsanlagenverordnung (NAV).
Netzanschluss, früher: Hausanschluss	Der Netzanschluss bezeichnet die Verbindung einer Immobilie oder eines anderen Verbrauchers mit dem öffentlichen Stromnetz. Diese Verbindung ermöglicht die Versorgung mit elektrischer Energie. Früher wurde dies oft als Hausanschluss bezeichnet, der Begriff hat sich aber auf „Netzanschluss" erweitert, um verschiedene Arten von Anschlüssen zu umfassen. Der Netzanschluss beginnt an der Abzweigstelle des Niederspannungsnetzes, z. B. an der Hausanschlussmuffe und endet an den Sicherungen im Hausanschlusskasten.

Tabelle 3.1 (*Fortsetzung*) Begriffe, entlehnt aus verschiedenen DIN-VDE-Normen, wie DIN VDE 0100-200, DIN VDE 0100-410, DIN VDE 0100-540, DIN 18014 und weiteren Normen

Netz-betreiber (NB)	Ein Netzbetreiber ist eine Organisation oder ein Unternehmen, das für den Ausbau, den Betrieb und die Instandhaltung und Wartung des Stromnetzes zuständig ist. Netzbetreiber sorgen dafür, dass Strom von den Erzeugern zu den Verbrauchern transportiert wird und dass das Netz stabil und sicher bleibt.
Neutralleiter	Der Neutralleiter ist ein Leiter in einem Elektrizitätsversorgungsnetz, der in der Regel geerdet ist und bei symmetrischer Belastung in einem Drehstromsystem keinen Strom führt, also ein mit dem Mittelpunkt bzw. Sternpunkt des Netzes verbundener Leiter, der zur Übertragung elektrischer Energie beiträgt. DIN VDE 0100-200; DIN VDE 0100-430; DIN VDE 0100-520
Nicht elektro-technische Arbeiten	Nicht elektrotechnische Arbeiten sind Tätigkeiten, die nicht direkt mit der Planung, Errichtung, Instandhaltung oder Reparatur elektrischer Anlagen zu tun haben, z. B. Erdarbeiten, Reinigungsarbeiten, Anstrich- und Korrosionsschutzarbeiten, Gerüstbauarbeiten, Arbeiten mit Hebezeugen, Transportarbeiten. Die Annäherungszone von an unter Spannung stehenden Anlageteilen darf dabei nicht erreicht werden, es sei denn, dass ein vollständiger Schutz gegen direktes Berühren besteht. Diese Arbeiten können von Personal durchgeführt werden, das nicht speziell in der Elektrotechnik ausgebildet ist, erfordern jedoch oft ein Verständnis der Sicherheitsanforderungen in der Nähe elektrischer Anlagen. DIN EN 61936-1 (**VDE 0101-1**); DGUV-Vorschrift 3
Nicht leitende Umgebung	Eine nicht leitende Umgebung ist ein Bereich, in dem Materialien verwendet werden, die keinen elektrischen Strom leiten, um die Sicherheit zu erhöhen. Das gleichzeitige Berühren von Teilen, die unterschiedliche Potentiale annehmen könnten, wird vermieden. Im Fehlerfall darf nur ein potentialbehaftetes Teil berührt werden können. Bedingungen: • An Betriebsmitteln der Schutzklasse I und an Steckdosen dürfen keine Schutzleiter angeschlossen werden. • Betriebsmittel dürfen nur vom isolierten Standort aus berührt werden können; Abdeckungen müssen fest verbunden sein. • Isolierende Wände und Fußböden haben Widerstandsmindestwerte einzuhalten.
Nicht stationäre elektrische Anlagen	Nicht stationäre elektrische Anlagen sind mobile oder temporäre elektrische Installationen, die nicht dauerhaft an einem Ort installiert sind, z. B. Baustellenversorgungen oder mobile Generatoren, die flexibel eingesetzt werden können. Es sind Anlagen, die nach der Verwendung am Einsatzort A abgebaut und am Einsatzort B wieder aufgebaut werden. DIN VDE 0100-600; DIN VDE 0100 Gruppe 700; DGUV-Information 203-006
Not-Aus-Schaltung	Eine Not-Aus-Schaltung ist eine Sicherheitsvorrichtung, die es ermöglicht, eine elektrische Anlage im Notfall schnell und effektiv abzuschalten. Sie dient dem Schutz von Personen und Anlagen bei Gefahr und muss leicht zugänglich und eindeutig gekennzeichnet sein. Aktuelle Normbezeichnung: Handlungen im Notfall. Eine Betätigung, die dazu bestimmt ist, Gefahren, die unerwartet auftreten können, so schnell wie möglich zu beseitigen. DIN VDE 0100-723; DIN VDE 0100-460

Tabelle 3.1 (*Fortsetzung*) Begriffe, entlehnt aus verschiedenen DIN-VDE-Normen, wie DIN VDE 0100-200, DIN VDE 0100-410, DIN VDE 0100-540, DIN 18014 und weiteren Normen

Offene Erdung	Eine offene Erdung bezeichnet eine Erdungsanlage, bei der die Erdungsleiter direkt mit dem Erdreich in Kontakt stehen, ohne dass eine isolierende Schicht dazwischen liegt. Diese Form der Erdung wird genutzt, um eine effektive Ableitung von Fehlerströmen ins Erdreich zu gewährleisten.
Ordnungsgemäßer Zustand der elektrischen Anlagen	Der ordnungsgemäße Zustand elektrischer Anlagen bezeichnet den technisch einwandfreien und sicherheitsgerechten Zustand, in dem sich Anlagen befinden müssen. Dies umfasst regelmäßige Instandhaltungsmaßnahmen, Prüfungen und die Einhaltung relevanter Normen und Vorschriften zur Gewährleistung der Sicherheit und Funktionalität, wie die Maßnahmen zum Schutz gegen direktes Berühren (Basisschutz) und die Maßnahmen zum Schutz bei indirektem Berühren (Fehlerschutz) entsprechen den Anforderungen der DIN-VDE-Bestimmungen. DIN VDE 0100-410; DGUV-Information 203-070
Örtliche Erde	Die örtliche Erde ist der Teil der Erde, der sich in elektrischem Kontakt mit dem Erder befindet und dessen elektrisches Potential nicht notwendigerweise null ist. DIN 18014
PEN-Leiter	Der PEN-Leiter ist in TN-C-Systemen die Kombination aus Schutz- (PE) und Neutralleiter (N), der sowohl die Funktion der Neutralleitung als auch die Schutzfunktion in einem Leiter vereint. Nach DIN VDE 0100-410 ein geerdeter Leiter, der zugleich die Funktionen des Schutzleiters (PE) und des Neutralleiters(N) erfüllt. DIN VDE 0100-430; DIN VDE 0100-540
Perimeterdämmung	Eine Perimeterdämmung ist eine Wärmedämmung, die den erdberührten Bereich des Bauwerks von außen umschließt. Sie besteht aus werksmäßig hergestellten Produkten nach DIN EN 13164. DIN 18014
Potentialausgleich/ Potentialausgleichsanlage	Der Potentialausgleich ist eine Maßnahme, bei der alle leitfähigen Teile einer Anlage so miteinander verbunden werden, dass sie im Fehlerfall auf gleichem elektrischem Potential liegen, um gefährliche Berührungsspannungen zu vermeiden. Dies schließt oft den Anschluss an die Haupterdungsschiene ein und beinhaltet die Verbindung von Gebäudestrukturen, Wasser- und Gasleitungen sowie Heizsystemen. DIN VDE 0100-540; DIN EN 50522 (**VDE 0101-2**); DIN 18014
Richtwerte	Richtwerte sind vorgegebene Werte oder Bereiche, die als Orientierungshilfe oder Zielvorgabe für technische Parameter dienen. In der Elektrotechnik dienen Richtwerte als Leitlinien für die Auslegung und Prüfung von Anlagen, z. B. für max. Berührungsspannungen oder Isolationswiderstände. Diese Messwerte oder Zahlenwerte, sollte die Elektrofachkraft sinnvollerweise, einhalten, ohne dass allerdings dazu Zwang besteht. Richtwerte können auch als empfohlene Grenzwerte verstanden werden, d. h., diese Richtwerte sind nicht gesetzlich bindend, jedoch für die Praxis durch Erfahrungen bzw. Untersuchungen empfohlen.
Ringerder	Ein Ringerder ist ein Erder, der außerhalb eines Gebäudefundaments als geschlossener Ring im Erdreich eingebettet ist. DIN 18014

Tabelle 3.1 (*Fortsetzung*) Begriffe, entlehnt aus verschiedenen DIN-VDE-Normen, wie DIN VDE 0100-200, DIN VDE 0100-410, DIN VDE 0100-540, DIN 18014 und weiteren Normen

Schutz durch erdfreien örtlichen Potentialausgleich	Schutz durch erdfreien örtlichen Potentialausgleich ist eine Maßnahme, bei der innerhalb eines bestimmten Bereichs ein Potentialausgleich hergestellt wird, ohne direkt an die Erde angeschlossen zu sein. Sämtliche gleichzeitig berührbaren Körper und fremde leitfähige Teile müssen durch Potentialausgleichsleiter verbunden werden (Handbereich ≤ 2,5 m). Gleichzeitige Berührung eines Körpers und eines fremden leitfähigen Teils muss verhindert werden oder es muss ein zusätzlicher erdfreier Potentialausgleich durchgeführt werden. Diese Methode wird beispielsweise in der Medizintechnik angewendet, um Patienten und medizinisches Personal vor elektrischen Schlägen zu schützen.
Schutzarten	Schutzarten definieren, in welcher Weise elektrische Betriebsmittel gegen Berührung, Fremdkörper und Wasser geschützt sind, gekennzeichnet durch die IP-Codierung (International Protection). Die Schutzarten variieren von IP00 (kein Schutz) bis IP68 (vollständiger Schutz gegen Staub und langfristiges Untertauchen unter Wasser). DIN EN 60529 (**VDE 0470-1**)
Schutzerdung	Schutzerdung ist eine Maßnahme, bei der elektrische Anlagen und Geräte so mit der Erde verbunden werden, dass im Fehlerfall gefährliche Berührungsspannungen vermieden werden. Sie ist eine der grundlegenden Schutzmaßnahmen gegen elektrische Schläge und sorgt dafür, dass Fehlerströme sicher zur Erde abgeleitet werden.
Schutzklassen	Schutzklassen kategorisieren elektrische Betriebsmittel nach ihrem Schutz gegen elektrische Schläge, wobei Schutzklasse I Geräte mit Schutzerdung, Schutzklasse II Geräte mit doppelter oder verstärkter Isolierung und Schutzklasse III Geräte für Kleinspannung umfassen. DIN EN 61140 (**VDE 0140-1**); DIN VDE 0100 Gruppe 700
Schutzleiter	Der Schutzleiter (PE – Protective Earth) ist ein Leiter, der speziell dafür vorgesehen ist, im Fehlerfall einen sicheren Pfad für den Strom zurück zur Erdungsvorrichtung zu bieten. Er ist erforderlich, um die elektrische Verbindung zu folgenden Teilen herzustellen: • Körper der elektrischen Betriebsmittel, • fremde leitfähige Teile, • Haupterdungsschiene, • Erder, • geerdeter Punkt der Stromquelle. DIN VDE 0100-430; DIN VDE 0100-510; DIN VDE 0100-540
Schutzleiterstrom	Schutzleiterstrom ist der Strom, der unter normalen Betriebsbedingungen oder im Fehlerfall durch den Schutzleiter fließt oder anders ausgedrückt, der Strom, der als Ableitstrom oder als elektrischer Strom infolge eines Isolationsfehlers im Schutzleiter auftritt. DIN VDE 0100-430; DIN VDE 0100-510; DIN VDE 0100-540

Tabelle 3.1 (*Fortsetzung*) Begriffe, entlehnt aus verschiedenen DIN-VDE-Normen, wie DIN VDE 0100-200, DIN VDE 0100-410, DIN VDE 0100-540, DIN 18014 und weiteren Normen

Schutzmaßnahmen	Schutzmaßnahmen sind technische und organisatorische Vorkehrungen, die getroffen werden, um Menschen und Anlagen vor den Gefahren des elektrischen Stroms zu schützen. Dazu gehören Maßnahmen wie der Schutz gegen elektrischen Schlag, Schutz gegen thermische Einflüsse, Schutz bei Überstrom, Schutz gegen Überspannungen, Schutz gegen Unterspannungen, der Einsatz von RCDs, Isolierung, Schutztrennung und die Implementierung von Schutzarten. DIN VDE 0100-410
Schutzpotentialausgleichsleiter	Der Schutzpotentialausgleich wird zum Zweck der elektrischen Sicherheit durchgeführt. Die Schutzpotentialausgleichsleiter sind Leiter, die für den Schutzpotentialausgleich verwendet werden, um sicherzustellen, dass alle leitfähigen Teile einer Anlage auf demselben Potential liegen. Diese Leiter tragen dazu bei, Potentialunterschiede zu minimieren und bieten einen zusätzlichen Schutz gegen elektrische Schläge. DIN 18014
Schutztrennung	Schutztrennung ist eine Schutzmaßnahme gegen gefährliche Körperströme, bei der durch galvanische Trennung ein Stromkreis so von anderen Stromkreisen isoliert wird, dass im Fehlerfall keine gefährlichen Ströme zu berührbaren Teilen fließen können. DIN VDE 0100-410
Schutzverteiler	Ein Schutzverteiler ist ein Verteiler, der speziell für die Verteilung von Stromkreisen mit besonderen Schutzmaßnahmen, wie RCDs oder Überstromschutzeinrichtungen, konzipiert ist, z. B. können Schutzverteiler aus einer ortsveränderlichen Fehlerstrom-Schutzeinrichtung (RCD) in Kombination mit mehreren Steckdosen in einem Gehäuse bestehen. DGUV-Information 203-006
Spezifischer Bodenwiderstand	Der spezifische elektrische Widerstand im Erdreich zwischen zwei gegenüberliegenden Seitenflächen eines Erdwürfels von 1 m^3 mit jeweils 1 m Kantenlänge, wird in Ωm angegeben. Ein spezifischer Erdwiderstand von 1 Ωm liegt vor, wenn bei einem Würfel Erdreich von 1 m Kantenlänge der Widerstand zwischen zwei gegenüberliegenden Flächen 1 Ω beträgt. DIN 18014
Stab-/Tiefenerder	Stab-/Tiefenerder sind Erder, welche im Erdboden in vertikaler oder gegen die Vertikale geneigte Lage angeordnet sind und im Allgemeinen in größeren Tiefen errichtet werden. DIN 18014
Strahlenerder	Strahlenerder sind im Erdboden horizontal angeordnete Erder. DIN 18014

Tabelle 3.1 (*Fortsetzung*) Begriffe, entlehnt aus verschiedenen DIN-VDE-Normen, wie DIN VDE 0100-200, DIN VDE 0100-410, DIN VDE 0100-540, DIN 18014 und weiteren Normen

Übergabe-punkt	Der Übergabepunkt markiert die Stelle, an der die Verantwortung und Zuständigkeit für die elektrische Versorgung von einem Energieversorger an den Betreiber einer Anlage oder den Endverbraucher übergeht, also die Stelle einer elektrischen Anlage, an der die elektrische Energie in eine Anlage eingespeist wird. Sie ist zugleich Trennstelle, an der das einspeisende Netz bzw. der einspeisende Stromkreis von der zu versorgenden Anlage getrennt werden kann. DIN VDE 0100-200; DIN VDE 0100-410; DGUV-Information 203-006
Überlast-strom	Überlaststrom ist ein Strom, der über den Nennwert eines elektrischen Geräts oder Systems hinausgeht und bei längerer Einwirkung zu Überhitzung oder Beschädigung führen kann. Schutzvorrichtungen wie Sicherungen oder Leistungsschalter dienen dazu, die Anlage bei Überlast zu unterbrechen und so Schäden zu verhindern. DIN VDE 0100-200
Überstrom	Überstrom ist ein Sammelbegriff für Stromflüsse, die über dem für einen Stromkreis oder ein Gerät spezifizierten, max. Betriebsstrom liegen, einschließlich Überlast und Kurzschlussströmen, also der Strom, der den Bemessungswert überschreitet. Für Leiter entspricht der Strombemessungswert den Wert der Dauerstrombelastbarkeit. Überstromschutzvorrichtungen sind notwendig, um elektrische Anlagen vor den schädlichen Auswirkungen von Überströmen zu schützen. DIN VDE 0100-200
Zusätzlicher Schutz-potential-ausgleich	Der zusätzliche Schutzpotentialausgleich ist eine Maßnahme, bei der über den Hauptpotentialausgleich hinaus weitere Verbindungen zwischen leitfähigen Teilen hergestellt werden, um das Schutzniveau zu erhöhen. Anwendbar bei besonderer Gefährdung, wenn der Fehlerschutz (Abschaltbedingungen) nicht eingehalten werden kann und bei Gefährdung wegen der Umgebungsbedingungen, wie in besonderen Räumen und Betriebsstätten nach der Gruppe 700 von DIN VDE 0100.

Tabelle 3.1 (*Fortsetzung*) Begriffe, entlehnt aus verschiedenen DIN-VDE-Normen, wie DIN VDE 0100-200, DIN VDE 0100-410, DIN VDE 0100-540, DIN 18014 und weiteren Normen

4 Erdungsanlagen: zusammengefasste Darstellung aus elektrotechnischen Normen wie die Normen DIN VDE 0100-540, DIN EN IEC 61936-1 (VDE 0101-1), DIN EN 50522 (VDE 0101-2), DIN VDE 0151 und DIN VDE 0105-100

4.1 Die Erdungsanlage – Fundament der elektrischen Sicherheit

Eine solide Basis für Schutz und Funktionalität in elektrischen Installationen.

Die Erdungsanlage stellt die Gesamtheit aller erforderlichen Verbindungen und Erder dar, um Betriebsmittel oder Anlagen einzeln oder gemeinsam zu erden. Bei der Planung und Errichtung einer Erdungsanlage müssen gemäß der DIN VDE 0100-540 und weiterer Normen mit DIN-EN-IEC- und VDE-Klassifizierung die folgenden Kriterien berücksichtigt werden:

- Der Ausbreitungswiderstand muss den Schutz- und Funktionsanforderungen der Anlage entsprechen.
- Es muss gewährleistet sein, dass die Schutzanforderungen der elektrischen Anlage adäquat und zuverlässig erfüllt werden.
- Fehler- und Ableitströme dürfen keine Gefahr für Personen oder die Umgebung darstellen.
- Die Auswahl und Dimensionierung der Komponenten müssen nach den relevanten DIN-EN-IEC- bzw. DIN-VDE-Normen erfolgen.
- Mechanischer Schutz gegen äußere Einflüsse, wie z. B. physische Beschädigungen, muss sichergestellt sein.
- Potenzielle Korrosionserscheinungen sollten bereits in der Konzeptions-, Konstruktions- und Gestaltungsphase der Anlagen berücksichtigt werden, um Langzeitschäden zu vermeiden.

Die Gesamtheit aller Maßnahmen und Betriebsmittel, die für das Erden notwendig sind, wird als Erdung definiert. Eine besondere Form stellt die „offene Erdung“ dar, die entsteht, wenn in die Verbindung zwischen aktiven Teilen der elektrischen Anlage und dem Erder Überspannungs-Schutzeinrichtungen eingebaut werden.

Es ist wichtig, zwischen *Betriebserdung* und *Schutzerdung* zu unterscheiden:

- *Betriebserdung* in Niederspannungsanlagen bezieht sich auf die Erdung eines Punkts des Betriebsstromkreises, die für den sicheren und ordnungsgemäßen Betrieb von Geräten oder Anlagen erforderlich ist. Sie kann als unmittelbar klassifiziert werden, wenn sie ausschließlich den Erdungswiderstand beinhaltet oder als mittelbar, wenn die Verbindung über zusätzliche ohmsche, induktive oder kapazitive Widerstände erfolgt.
- *Schutzerdung* dient dem Schutz vor gefährlichen Berührungsströmen, indem die Gehäuse von Hochspannungsbetriebsmitteln geerdet werden, um eine direkte Verbindung mit der Erde herzustellen und somit eine Sicherheitsbarriere gegen elektrische Schläge zu bieten.

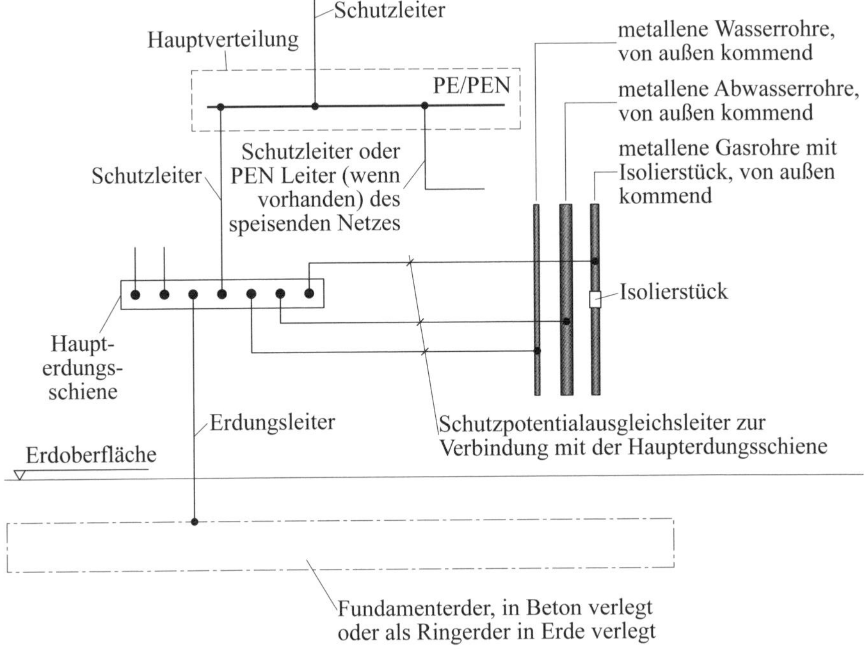

Bild 4.1 Darstellung von Erder, Schutzleiter und Schutzpotentialausgleichsleiter

Im **Bild 4.2** sind diese Erdungsarten dargestellt.

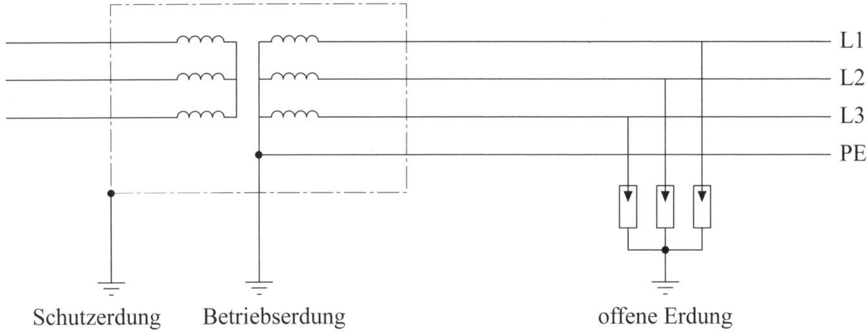

Bild 4.2 Erdungen

4.2 Die Erderverbindungselemente zwischen Anlage und Erde

Wichtige Komponenten für die Effizienz der Erdungsanlage.

Ein Erder ist ein leitfähiges Element, das direkt in den Boden oder in ein mit dem Erdboden verbundenes Fundament eingebracht wird. Die Hauptfunktion eines Erders besteht darin, eine effiziente elektrische Verbindung mit der Erde zu schaffen. Elektrisch unabhängige Erder müssen in ausreichend großen Abständen voneinander installiert werden, um sicherzustellen, dass der max. Stromfluss durch einen Erder das Potential anderer Erder nicht beeinträchtigt.

Wirkungen der Erder:

- Verringerung der Spannungsbeanspruchung von elektrischen Betriebsmitteln durch atmosphärische Überspannungen oder Spannungsbegrenzung der Außenleiter bei einem Erdschluss.
- Im TN-System wird die Fehlerspannung am PEN-Leiter im Fehlerfall auf möglichst niedrige Werte begrenzt.

Im TT-System wird der Erdschlussstrom erhöht, um das Auslösen der Schutzeinrichtungen in Verbraucheranlagen zu erleichtern.

Tabelle 4.1 zeigt die Unterteilung der Erder nach der Funktion.

Funktion	Beschreibung
Betriebserder	Wird aus betrieblichen Gründen benötigt, z. B. Erdung eines Punkts des Betriebsstromkreises. Im TN-System wird hier der PEN-Leiter und im TT-System der Sternpunkt des Transformators geerdet.
Schutzerder	Dient dem Schutz von Personen in Anlagen mit Nennspannungen über 1 000 V durch Erdung leitfähiger Teile, die nicht zum Betriebsstromkreis gehören, um zu hohen Berührungsspannungen zu vermeiden.
Funktionserdung	Wird für Zwecke jenseits der elektrischen Sicherheit, wie Signalübertragung o. Ä., eingesetzt.

Tabelle 4.1 Unterteilung der Erder nach der Funktion

Unterteilung der Erder nach der Ausführungsform:	
Oberflächenerder • Banderder, • Erder aus Rundmaterial, • Seilerder	• 0,5 m bis 1 m tief verlegen, • Erder mit Erdreich umgeben und verfestigen, • Strahlenerder: Winkel zwischen den Strahlen nicht kleiner als 60°, damit gegenseitige Beeinflussung verhindert wird
Tiefenerder • Staberder, • Rohrerder	bei Verwendung mehrerer Tiefenerder: gegenseitiger Mindestabstand: doppelte wirksame Länge des einzelnen Erders
Natürliche Erder • Metallbewehrung von Beton im Erdreich, • Bleimäntel und andere metallene Umhüllungen, • metallene Wasserleitungen	• Verbindung der Bewehrungseisen durch Rödelverbindung ausreichend, • Verbindung der Stahlkonstruktion des Gebäudes mit der Erdungsanlage, • Verwendung der Wasserrohrnetze als Erder nur mit Einverständnis des Eigentümers, • metallene Rohrleitungen für brennbare Flüssigkeiten oder Gase dürfen nicht als Erder verwendet werden, • metallene Umhüllungen als Erder nur mit Einverständnis der Betreiber
Fundamenterder	• nach DIN 18014 Fundamenterder

Tabelle 4.2 Unterteilung der Erder nach der Ausführungsform

Unterteilung der Erder nach der Ausführungsform: Die Anwendung und Auswahl des richtigen Erders hängt von verschiedenen Faktoren ab, einschließlich der spezifischen Anforderungen der elektrischen Anlage, der Bodenbeschaffenheit und der Umgebungsbedingungen.

Oberflächenerder:

- **Banderder:** flaches, leitfähiges Band, das an oder knapp unter der Oberfläche verlegt wird.
- **Erder aus Rundmaterial, Seilerder:** bestehen aus Rundmaterial oder verdrillten Leitern, die ähnlich dem Banderder verlegt werden.
- **Strahlenerder:** radial verlegte Leiter, die von einem zentralen Punkt ausgehen.

Tiefenerder (als Stab- oder Rohrerder):

- Wird vertikal in den Boden eingeführt, um tiefer liegende Erdschichten mit geringerem Widerstand zu erreichen.

Natürliche Erder:

- Bezieht sich auf die Nutzung bestehender leitfähiger Strukturen, wie z. B. Metallrohre oder Bauwerksfundamente, als Erder.

Fundamenterder:

- Wird direkt in das Fundament eines Gebäudes integriert und stellt eine effektive Erdung über die große Berührungsfläche mit dem Erdboden sicher.

<table>
<tr><th>Werkstoff</th><th>Erderform</th><th>Mindestquerschnitt in mm²</th><th>Mindestdicke in mm</th><th>Sonstige Mindestabmessungen bzw. einzuhaltende Bedingungen</th></tr>
<tr><td rowspan="4">Stahl bei Verlegung im Erdreich, feuerverzinkt mit einer Mindest-Zinkauflage von 70 µm</td><td>Band</td><td>100</td><td>3</td><td></td></tr>
<tr><td>Rundstahl</td><td rowspan="2">78 (entspricht einem Durchmesser von 10 mm)</td><td></td><td>bei zusammengesetzten Tiefenerdern: Mindestdurchmesser des Stabs: 20 mm</td></tr>
<tr><td>Rohr</td><td></td><td>Mindestdurchmesser: 25 mm, Mindestwandstärke: 2 mm</td></tr>
<tr><td>Profilstäbe</td><td>100</td><td>3</td><td></td></tr>
<tr><td>Stahl mit Kupferauflage</td><td>Rundstahl</td><td>für Stahlseele: 50 % für Kupferauflage 20 % des Stahlquerschnitts, mindestens jedoch 35 %</td><td colspan="2">bei zusammengesetzten Tiefenerdern: Mindestdurchmesser des Stabs: 15 mm, die Verbindungsstellen müssen so ausgeführt sein, dass sie in ihrer Korrosionsbeständigkeit der Kupferauflage gleichwertig sind</td></tr>
<tr><td rowspan="4">Kupfer</td><td>Band</td><td>50</td><td>2</td><td></td></tr>
<tr><td>Seil</td><td>35</td><td></td><td>Mindestdrahtdurchmesser: 1,8 mm, bei Bleiummantelung Mindestdicke des Mantels: 1 mm</td></tr>
<tr><td>Rundkupfer</td><td>35</td><td></td><td></td></tr>
<tr><td>Rohr</td><td></td><td></td><td>Mindestdurchmesser: 20 mm, Mindestwandstärke: 2 mm</td></tr>
</table>

Tabelle 4.3 Mindestabmessungen für Erder

	Spezifischer Widerstand in Ωm	Erdungswiderstand in Ω					
		Staberder		Banderder		Ringerder	
		3 m	6 m	5 m	10 m	20 m	20 m
Bodenart							
Moorboden, Sumpf, Humuserde in feuchter Lage	30	10	5	12	6	3	1
Lehmboden, Tonboden, Ackerboden	100	33	17	40	20	10	4
sandiger Lehm	150	50	25	60	30	15	5
Sandboden, feucht	200	66	33	80	40	20	7
Sandboden, trocken	1 000	330	165	400	200	100	32
Kies, feucht	500	166	83	200	100	50	16
Kies, trocken	1 000	330	165	400	200	100	32
steiniger Boden	3 000	1 000	500	1 200	600	300	95
Beton							
Zement, rein	50	–	–	20	10	5	1,7
1× Zement + 3× Sand	150	–	–	60	30	15	5
1× Zement + 5× Kies	400	–	–	160	80	40	13
1× Zement + 7× Kies	500	–	–	200	100	50	17

Tabelle 4.4 Widerstandswerte für Erder

Für die verschiedenen Arten der Erder ergeben sich für die Verwendung unterschiedliche Vor- bzw. Nachteile, in folgenden erläutert werden:

Die Verwendung des **Tiefenerders** ist günstig, wenn:

- der Erdboden homogen ist, d. h. der spezifische Erdwiderstand an der Erdoberfläche und in der Tiefe etwa gleich sind (oder der in der Tiefe ist noch besser),
- geringer Platzbedarf erforderlich ist.

Die Verwendung des **Oberflächenerders** ist günstig, wenn:

- die oberen Schichten des Erdbodens bessere elektrische Leitfähigkeit haben als der Untergrund,
- die Erde aus einer felsigen oder steinigen Bodenart besteht,
- bei ausgedehnten Erdungsanlagen zusätzlich Tiefenerder ohne nennenswerte Wirkung sind,
- Erdungsanlagen durch das Einbeziehen von Kabeln mit Erderwirkung und/oder Metallmuffen verbessert werden können,
- Wasserrohrsysteme in Erde nicht mehr für Erdungszwecke in Planungen einbezogen werden (das Einbeziehen metallener Rohrsysteme von Verbraucheranlagen in den Potentialausgleich ist dagegen unbedingt erforderlich),
- natürliche Erder (Stahl- und Stahlbetonteile, Mast- und Gerüstfüße, Spundwände, Fundamente) möglichst als Erder mitverwendet werden, um eine erwünschte Verringerung des Ausbreitungswiderstands der Erdungsanlage zu erreichen. Innerhalb eines Gebäudes müssen diese leitfähigen Teile, soweit sie vorhanden sind, ohnehin in den Potentialausgleich einbezogen werden,
- beim Zusammenschluss verschiedenartiger Erder beachtet wird, dass die Gefahr der Korrosion durch Elementbildung besteht,
- der gebräuchlichste Werkstoff, der für Erder in Niederspannungsanlagen verwendet wird, ist feuerverzinkter Stahl (Bandstahl S 185 nach DIN EN 10027-1 (Hinweis: alter Kurzname St 33 nach DIN 17100 (zurückgezogen)), in gewalzter Form oder geschnitten mit gerundeten Kanten.

Die Verwendung des **Fundamenterders:**

- wird nach DIN VDE 0100-540 in jedem neu errichteten Gebäude gefordert,
- die Anforderungen müssen nach DIN 18014 erfüllt werden,
- er kann die Wirkung des Schutzpotentialausgleichs in jedem Gebäude unterstützen,
- er dient als gemeinsamer Erder für Starkstromanlagen, informationstechnische Anlagen, Blitzschutzanlagen, Antennenanlagen und Mittelspannungsanlagen.

Fundamenterder nach DIN 18014:2014-03 (Anmerkung: Diese Tabelle bezieht sich auf die Norm aus dem Jahr 2014, ein Vergleich zur Tabelle 5.13 im Kapitel 5 dieses Buchs zur Norm aus 2023 macht einige, kleinere Unterschiede deutlich).

Begriff	Leitfähiges Teil, das im Beton eines Gebäudefundaments als geschlossener Ring eingebettet ist
Aufgabe	Soll die Wirkung des Schutzpotentialausgleichs in einem Gebäude unterstützen und wirksam gestalten und kann gleichzeitig für weitere Erdungsaufgaben herangezogen werden, z. B. im TT-System mit Schutz durch Fehlerstrom-Schutzeinrichtung (RCD) oder in Blitzschutz-, Antennen- und informationstechnischen Anlagen
Anforderungen	Ist im elektrischen Kontakt mit der Erde und wird über die Haupterdungsschiene mit der elektrischen Anlage verbunden, um • die Erfüllung der Schutzmaßnahmen der elektrischen Anlage zu unterstützen, • Erdfehlerströme und Schutzleiterströme zur Erde abführen zu können, ohne thermische oder elektromechanische Beanspruchungen oder elektrischen Schlag entstehen zu lassen, • Funktionsanforderungen geeignet zu erfüllen
Anordnung	• Bandstahl ist als geschlossener Ring in Bereich der Außenmauern des Gebäudes unterhalb der Isolierschicht zu verlegen (**Bild 4.3**), • Dehnfugen sind mit Dehnungsbändern zu überbrücken, • je nach Größe der Fläche sind Querverbindungen zu erstellen (Maschenweite von 20 m × 20 m nicht überschreiten)
Werkstoff	blanker oder verzinkter Stahl als Bandmaterial in 30 mm × 3,5 mm oder Rundstahl mit mindestens 10 mm Durchmesser (besondere Anforderungen: nicht rostender Stahl oder Kupfer)
Anschlussfahne	des Bandstahls bis in den Hausanschlussraum führen (mindestens eine Länge von 1,5 m in den Raum hinein)
Verbindungsstellen	• gut leitende Verbindungen und Abzweige durch geeignete Klemmen, Schrauben oder durch Schweißen herstellen, • Keilverbindungen unzulässig
Dokumentation	Pläne und/oder Fotografien und Ergebnisse der Durchgangsmessungen protokollieren
Ausführung	ist vom Bauherrn, Architekten oder Fachplaner zu veranlassen; von Elektrofachkraft die Arbeiten überwachen lassen

Tabelle 4.5 Fundamenterder nach DIN 18014:2014-03

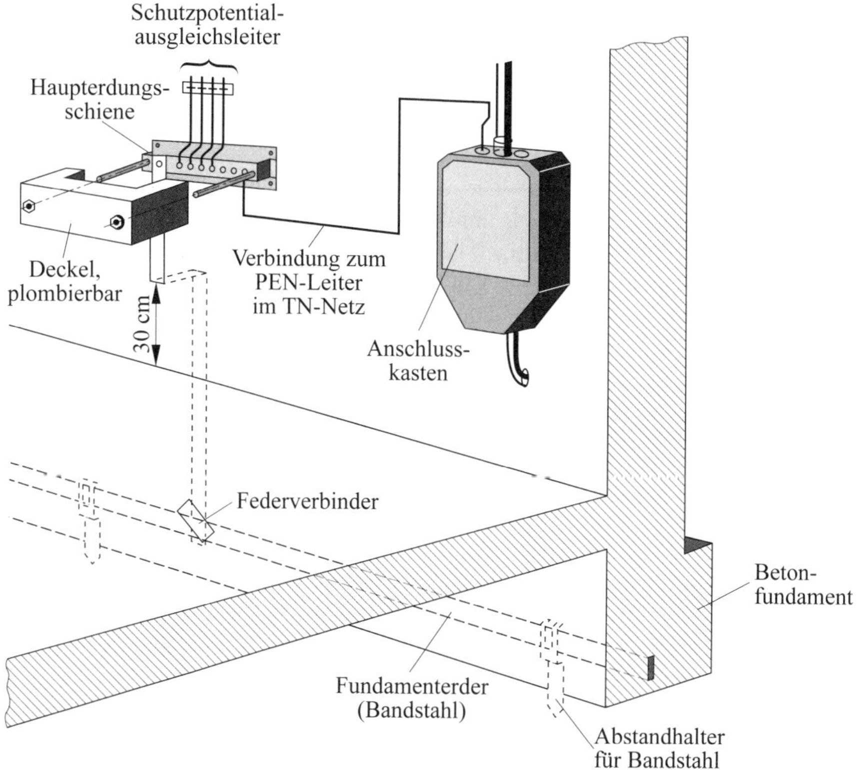

Bild 4.3 Fundamenterder und Schutzpotentialausgleich
(Quelle: *Boy, H.-G.*; *Dunkhase, U.*: Elektro-Installationstechnik. 13. Aufl. Würzburg: Vogel)

Folgende Materialien und Komponenten sind als Erder ungeeignet und dürfen nicht verwendet werden:

- Spannbetonbewehrungen sind ausgeschlossen, da diese zu unzulässig hohen mechanischen Belastungen führen können.
- Metallrohrleitungen, die brennbare Flüssigkeiten oder Gase sowie Heizungsrohre transportieren, sind aufgrund ihrer oft mangelhaften elektrischen Leitfähigkeit und der Gefahr einer Leitungsunterbrechung nicht zulässig.
- Die Nutzung von Wasserrohren als Erder ist nicht empfohlen. Zwar war dies in der Vergangenheit unter Abstimmung mit dem Wassernetzbetreiber möglich, jedoch ist der organisatorische Aufwand hierfür in der Regel unverhältnismäßig hoch.

Eine Ausnahme bildet die Nutzung von Gebäudewasserleitungen nach Installation einer Überbrückung am Wasserzähler.

- Metallteile, die in Wasser eingetaucht sind, dürfen nicht verwendet werden, da sie das Wasser austrocknen können und ein elektrisches Feld erzeugen, das eine Gefahr für Personen darstellt.
- Als Material für Oberflächenerder dürfen Stahl oder Kupfer nicht mit einem Bleimantel verwendet werden, um den Umweltschutz zu gewährleisten. Die Verwendung von Blei im Erdreich ist aufgrund seiner schädlichen Umwelteinflüsse zu vermeiden.

4.3 Die Erderwerkstoffe – Auswahlkriterien und Bedeutung für die Leitfähigkeit

Einfluss der Materialbeschaffenheit auf die Effektivität der Erdung.

Die DIN VDE 0151 bezieht sich auf die Anforderungen an Erderwerkstoffe und deren Anwendung im Bereich von Erdungsanlagen. Diese Norm legt spezifische Kriterien fest, die Erderwerkstoffe erfüllen müssen, um eine sichere und effiziente Erdung elektrischer Anlagen zu gewährleisten. Zu den Hauptzielen dieser Norm gehört die Sicherstellung einer dauerhaften elektrischen Leitfähigkeit der Erderwerkstoffe, die Minimierung von Korrosionsrisiken und die Gewährleistung der langfristigen Funktionalität der Erdungsanlage.

Einige wesentliche Punkte aus der DIN VDE 0151 bezüglich der Erderwerkstoffe umfassen:

- *Materialien:* Die Norm empfiehlt die Verwendung von Materialien wie verzinktem Stahl, Kupfer oder Kupferlegierungen für Erder, da diese Materialien eine gute Leitfähigkeit und Korrosionsbeständigkeit aufweisen. Die Verwendung von Blei oder bleihaltigen Materialien ist aufgrund von Umwelt- und Gesundheitsrisiken nicht empfohlen.
- *Dimensionierung:* Die Norm gibt Richtlinien vor, wie Erderwerkstoffe dimensioniert werden sollen, um sicherzustellen, dass sie die erforderliche Leitfähigkeit aufweisen und mechanischen Belastungen standhalten können.
- *Installation und Verbindungstechniken:* DIN VDE 0151 behandelt auch die fachgerechte Installation und die Verbindung von Erderwerkstoffen. Es werden Anforderungen an Verbindungstechniken gestellt, um dauerhaft elektrisch leitfähige und mechanisch stabile Verbindungen zu gewährleisten.

- *Korrosionsschutz:* Die Norm legt fest, wie Erderwerkstoffe gegen Korrosion geschützt werden sollen, um ihre Lebensdauer zu verlängern. Dazu gehören Maßnahmen wie der Einsatz von korrosionsbeständigen Materialien oder Beschichtungen sowie der Schutz vor aggressiven Bodenbedingungen.
- *Prüfverfahren:* Es werden spezifische Prüfverfahren definiert, um die Eignung der Erderwerkstoffe gemäß den Anforderungen der Norm zu verifizieren.

Diese Punkte sind zentral für die Planung, Installation und Wartung von Erdungsanlagen, um die elektrische Sicherheit zu gewährleisten und Schäden an elektrischen Anlagen und Infrastrukturen zu vermeiden. Es ist wichtig, bei der Auswahl und Anwendung von Erderwerkstoffen stets die aktuellen Normen und technischen Richtlinien zu berücksichtigen.

Erderwerkstoffe nach DIN VDE 0151
1. feuerverzinkter Stahl,
2. Stahl-Runddraht mit Bleimantel,
3. Stahl mit Kupfermantel und Stahl elektrolytisch verkupfert,
4. Kupfer,
5. Kupfer mit Zink- oder Zinnauflage,
6. Kupfer mit Bleimantel,
7. nicht rostende Stähle,
8. sonstige Werkstoffe

Tabelle 4.6 Erderwerkstoffe nach DIN VDE 0151

Wichtige Hinweise zu Korrosionsschutzmaßnahmen
• Übergangsbereich Erdboden/Luft: Verzinkter Stahl ist korrosionsanfällig und sollte durch Umhüllungen zusätzlich geschützt werden.
• Verbindungen: Schrauben, Schweißen, Löten, Kerb-, Press- und Keilverbinder,
• Verbindungsstellen müssen dem Erderwerkstoff gleichwertig sein,
• Verbindungsstellen Stahlbewehrung/Kupferleiter: mit Umhüllungen versehen,
• Erderwerkstoff darf nicht in Berührung kommen mit Schlacke, Kohleteilen und Bauschutt, z. B. beim Verfüllen der Gräben und Gruben

Tabelle 4.7 Hinweise zu Korrosionsschutzmaßnahmen

Lfd. Nr.	Erderwerkstoff	Eigenschaften/Einsatzgebiete
1	feuerverzinkter Stahl	• in fast allen Bodenarten beständig, • Einsatz überwiegend in Mittel- und Niederspannungsnetzen, • Voraussetzung für angemessene Lebensdauer: ausreichend dicke, poren- und rissfreie Zinkauflage, • zur Einbettung in Beton gut geeignet (Fundamenterder)
2	Stahl-Runddraht mit Bleimantel	• Blei ist in vielen Bodenarten beständig, • nicht unmittelbar in Beton einsatzfähig, • Gefahr: Verletzung des Bleimantels im Erdboden – dadurch Korrosion
3	Stahl mit Kupfermantel und Stahl elektrolytisch verkupfert	• Für Mantel- und Beschichtungswerkstoff ist Kupfer im Erdboden sehr beständig. • Verletzung des Kupfermaterials im Erdboden – Korrosionsgefahr, • Kupplungsstellen lückenlos verbinden
4	Kupfer verzinntes Kupfer verzinktes Kupfer	• Körper im Erdboden sehr beständig, • bessere Leitfähigkeit als Stahl, • Einsatz als Erderwerkstoff in Starkstromanlagen mit hohen Fehlerströmen, • in Seilform (Seilerder), • in Bandform (Banderder)
5	Kupfer mit Bleimantel	• Für Mantel- und Beschichtungswerkstoff ist Kupfer im Erdboden sehr beständig. • Verletzung des Kupfermaterials im Erdboden – Korrosionsgefahr, • Kupplungsstellen lückenlos verbinden, • Körper im Erdboden sehr beständig, • bessere Leitfähigkeit als Stahl, • Einsatz als Erderwerkstoff in Starkstromanlagen mit hohen Fehlerströmen, • in Seilform (Seilerder), • in Bandform (Banderder)
6	nicht rostende Stähle	• nicht rostender Stahl ist wie Kupfer zu beurteilen, • bei der Querschnittsbemessung die niedrigere elektrische Leitfähigkeit berücksichtigen

Tabelle 4.8 Eigenschaften und Einsatzgebiete der Erderwerkstoffe

Werkstoff		Form	Mindestmaße				
			Kern			Beschichtung/ Mantel	
			Durchmesser in mm	Querschnitt in mm²	Dicke in mm	Einzelwerte in µm	Mittelwerte in µm
Stahl	feuerverzinkt [1]	Band [3]		100	3	63	70
		Profil		100	3	63	70
		Rohr	25		2	47	55
		rund für Tiefenerder	20			63	70
		Runddraht für Oberflächenerder	10 [7]				50 [5]
	mit Bleimantel [2]	Runddraht für Oberflächenerder	8			1 000	
	mit Kupfermantel	Rundstab für Tiefenerder	15			2 000	
	elektrolytisch verkupfert	Rundstab für Tiefenerder [6]	17,3			254	300
Kupfer	blank	Band		50	2		
		Runddraht für Oberflächenerder		35			
		Seil	1,8 Einzeldraht	35			
		Rohr	20		2		
	verzinnt	Seil	1,8 Einzeldraht	35		1	5
	verzinkt	Band [4]		50	2	20	40
	mit Bleimantel [2]	Seil	1,8 Einzeldraht	35		1 000	
		Runddraht		35		1 000	

[1] Verwendbar auch für Einbettung in Beton,
[2] nicht für unmittelbare Einbettung in Beton geeignet,
[3] Band in gewalzter Form oder geschnitten mit gerundeten Kanten,
[4] Band mit gerundeten Kanten,
[5] bei Verzinkung im Durchlaufbad zurzeit fertigungstechnisch nur 50 µm herstellbar,
[6] entsprechend U_L 467 „Standard for Safety-Grounding and Bonding Equipment“ (vormals ANSI C 33.8-1972, zurückgezogen)
[7] bei Fernmeldeanlagen der Deutschen Telekom 8 mm Durchmesser

Tabelle 4.9 Werkstoffe für Erder und ihre Mindestmaße bezüglich Korrosion und mechanischer Festigkeit (Quelle: DIN VDE 0151:1986-06, Tabelle 1)

4.4 Die Erdungsleiter – wesentliche Komponente für elektrische Sicherheit

Sie bilden das Rückgrat der Erdungsanlagen, indem sie Ströme sicher zur Erde ableiten und so Personen sowie Anlagen schützen.

Der Erdungsleiter, oft auch als „Erdungsleitung“ bezeichnet, spielt eine zentrale Rolle im Schutzleitersystem. Seine Hauptfunktion besteht darin, die Haupterdungsklemme oder -schiene sicher mit dem Erder zu verbinden. Je nach Einsatzgebiet und Zweck werden Erdungsleiter in verschiedene Kategorien unterteilt:

- *Schutzerdungsleiter:* Diese Leiter gewährleisten die Erdung von Netzpunkten, Betriebsmitteln oder Anlagen, um die elektrische Sicherheit zu erhöhen.
- *Funktionserdungsleiter:* Sie dienen ausschließlich der Funktionserdung und sind für die ordnungsgemäße Funktion bestimmter elektrischer Komponenten essenziell.
- *Haupterdungsleiter:* Diese Leiter verbinden die Hauptpotentialausgleichsschiene in Verbraucheranlagen direkt mit dem Erder, beispielsweise einem Fundamenterder.

Anforderungen an Erdungsleiter

Um ihre Schutzfunktion effektiv zu erfüllen, müssen Erdungsleiter bestimmten Anforderungen genügen:

- *Zuverlässigkeit der Verbindung:* Die Verbindung zum Erder muss zuverlässig und gemäß den elektrotechnischen Standards erfolgen. Dazu gehören feste Verbindungen wie Erdungsschellen oder Schraubverbindungen (mindestens M10), bei Seilen auch Kerb-, Press- oder Schraubverbindungen.
- *Trennstelle für Messungen:* Zur Überprüfung des Ausbreitungswiderstands sollte eine Trennstelle in der Erdungsleitung vorgesehen werden.
- *Sichtbarkeit und Zugänglichkeit:* Erdungsleitungen, die außerhalb der Erde verlaufen, müssen sichtbar und leicht zugänglich sein, um Inspektionen und Wartungen zu erleichtern. Zudem ist ein Schutz gegen mechanische Beschädigungen und korrosive Einflüsse erforderlich. Schalter oder leicht lösbare Verbindungen sind in diesem Bereich nicht zulässig.
- *Mindestquerschnitte:* Die Querschnitte von Erdungsleitern müssen den Vorgaben für Schutzleiter entsprechen. Bei der Verlegung in Erde müssen zudem besondere Anforderungen berücksichtigt werden, um die Langzeitstabilität und Funktionalität der Erdungsleitung zu gewährleisten.

Diese Maßnahmen und Anforderungen sind entscheidend, um die Sicherheit elektrischer Anlagen zu garantieren und Personen sowie Sachwerte effektiv vor elektrischen Gefahren zu schützen.

Verlegung	Mechanisch geschützt	Mechanisch ungeschützt
isoliert	• Al, Cu, Fe wie für Schutzleiter gefordert	• Cu 16 mm^2, • Fe 16 mm^2, feuerverzinkt
blank	• Al unzulässig, • Cu 25 mm^2, • Fe 50 mm^2, feuerverzinkt	

Tabelle 4.10 Mindestquerschnitte für Erdungsleiter in Erde

Tätigkeiten Erden und Erden und Kurzschließen

Erden	Erden ist als Tätigkeitsbezeichnung zu verstehen. Ein Punkt der elektrischen Anlage wird mittels elektrisch leitfähigem Material mit der Erde verbunden. Erden ist also das Herstellen einer elektrischen Verbindung zwischen einem gegebenen Punkt in einem Netz, in einer Anlage oder einem Betriebsmittel und der örtlichen Erde. Nach Abschluss dieser Arbeit „Erden“ sind die mit Erde verbundenen leitfähigen Teile geerdet. Dadurch kann erreicht werden, dass im Fehlerfall, z. B. bei einem Körperschluss, die Berührungsspannung bei richtiger Auslegung der Erdungsanlage auf ungefährliche Werte begrenzt bleibt.
Erden und Kurzschließen	Im Rahmen des Herstellens und Sicherstellens des spannungsfreien Zustands vor Arbeitsbeginn und Freigabe zur Arbeit sind entsprechende Sicherheitsmaßnahmen durchzuführen. Eine dieser fünf Sicherheitsregeln ist das Erden und Kurzschließen: alle Teile, an denen gearbeitet werden soll, müssen geerdet und dann kurzgeschlossen werden. Von dieser allgemeinen, für alle Spannungsebenen gültigen Aussage kann bei Anlagen mit Nennspannungen bis 1 000 V abgewichen werden, da DIN VDE 0105-100 ausdrücklich feststellt, dass in diesen Anlagen auf das Erden und das Kurzschließen verzichtet werden darf. Außer es besteht das Risiko, dass die Anlage unter Spannung gesetzt wird, z. B. bei Freileitungen, die von anderen Leitungen gekreuzt oder elektrisch beeinflusst werden oder durch Ersatzstromversorgungsanlagen.

Tabelle 4.11 Tätigkeiten Erden und Erden und Kurzschließen

4.5 Der Schutzleiter – eine essenzielle Komponente für elektrische Sicherheit

Als kritische Sicherheitsverbindung minimiert der Schutzleiter das Risiko elektrischer Schläge durch effektive Fehlerstromableitung.

Der Schutzleiter ist ein fundamentaler Bestandteil in der Elektrotechnik, der entscheidend zur Sicherheit elektrischer Anlagen beiträgt. Seine primäre Aufgabe ist es, im Fehlerfall einen sicheren Pfad für den Fehlerstrom zur Erde zu bieten, um so Personen vor elektrischen Schlägen zu schützen und die Brandgefahr zu minimieren. Durch die Schaffung eines niederohmigen Verbindungswegs zum Erdungssystem wird sichergestellt, dass fehlerhafte Ströme effektiv abgeleitet werden und Schutzeinrichtungen wie Sicherungen oder Fehlerstrom-Schutzeinrichtungen (RCD) zuverlässig auslösen können.

Hauptaufgaben des Schutzleiters

Personenschutz: Verhinderung von elektrischen Schlägen bei Berührung spannungsführender Teile.

Brandschutz: Begrenzung von Fehlerströmen, die zu Überhitzungen und Bränden führen können.

Schutz der Anlagentechnik: Vermeidung von Schäden an elektrischen Geräten und Anlagen durch zu hohe Fehlerströme.

Arten von Schutzleitern

PE (Schutzleiter): Der klassische Schutzleiter, der direkt mit dem Erdungssystem verbunden ist.

PEN (Kombinierter Schutz- und Neutralleiter): In TN-Systemen verwendet, dient der PEN-Leiter sowohl als Neutral- als auch als Schutzleiter.

Funktionserdungsleiter: speziell für die Funktionserdung in elektronischen Steuer- und Regelsystemen.

Anschluss und durchgehende Verbindung

Für eine wirksame Schutzmaßnahme muss der Schutzleiter durchgängig und ohne Unterbrechung vom Erzeuger (Transformator) bis zu den zu schützenden Betriebsmitteln geführt werden. Der Anschluss des Schutzleiters muss dabei so erfolgen, dass eine dauerhafte und zuverlässige elektrische Verbindung gewährleistet ist.

Zuordnung des Schutzleiters zum Außenleiter

Der Schutzleiter muss eindeutig dem Stromkreis zugeordnet sein, in dem er wirkt. Diese Zuordnung ist entscheidend, um im Fehlerfall die schnelle Abschaltung des betroffenen Stromkreises zu ermöglichen.

Kennzeichnung der Schutzleiter

Die Kennzeichnung von Schutzleitern erfolgt international einheitlich mit der Farbkombination Grün-Gelb. Diese Farbcodierung hilft, Schutzleiter schnell zu identifizieren und Verwechslungen zu vermeiden.

Ausführliche Erläuterungen und Anforderungen zum Schutzleiter können der **Tabelle 4.12** entnommen werden.

Schutzleiter	ist ein Leiter, der für einige Schutzmaßnahmen gegen gefährliche Körperströme erforderlich ist, also nach DIN VDE 0100-540 ein Leiter zum Zweck der Sicherheit
Schutzleiter: Verbindung zu den Teilen herstellen:	• Körper der elektrischen Betriebsmittel, • fremde leitfähige Teile, • Haupterdungsklemme, • Erder, • geerdeter Punkt der Stromquelle
Zu Schutzleitern zählen z. B.:	Erdungsleiter, Schutzerdungsleiter, Schutzpotentialausgleichsleiter
Arten von Schutzleitern	• Leiter in mehradrigen Kabeln und Leitungen, • isolierte oder blanke Leiter in gemeinsamer Umhüllung mit Außenleiter und dem Neutralleiter, z. B. in Rohren, in Installationskanälen, • fest verlegte blanke oder isolierte Leiter, • metallische Umhüllungen von Kabeln (Mäntel, Schirme und konzentrische Leiter), • Metallrohre, Metallumhüllungen, Installationskanäle, Gehäuse von Stromschienensystemen, • fremde leitfähige Teile, • Profilschienen, auch wenn sie Klemmen und/oder Geräte tragen
Anschluss der Schutzleiter an Betriebsmittel	• besonders gekennzeichnete Klemme mit dem Erdungszeichen ⏚ oder PE, • die Anschlüsse dürfen keine andere Funktion haben, • Befestigungsschrauben dürfen nicht als Anschlussstelle für Schutzleiter benutzt werden

Tabelle 4.12 Schutzleiter

<table>
<tr><td rowspan="1">Anforderungen für fremde, leitfähige Teile, wenn sie als Schutzleiter verwendet werden</td><td colspan="2">• durchgehende elektrische Verbindung,
• keine Verschlechterung der Verbindung durch mechanische, chemische oder elektrochemische Einflüsse,
• ausreichend große Leitfähigkeit entsprechend den geforderten Querschnitten,
• keine Unterbrechung der Schutzleiterbahn beim Ausbau von Konstruktionsteilen, ggf. sind Überbrückungen vorzusehen,
• Anschlussmöglichkeiten für alle ankommenden und abgehenden Schutzleiter in der Nähe der dazugehörenden Außenleiter; die Zugehörigkeit muss erkennbar sein,
• Verwendung von Wasserrohrnetzen bzw. Wasserverbrauchsleitungen nur mit Zustimmung des Eigentümers,
• Verwendung geeigneter Verbindungen (Schweiß-, Niet- oder Schraubverbindungen)</td></tr>
<tr><td>Die durchgehende elektrische Verbindung der Schutzleiter muss gewährleistet sein:</td><td colspan="2">• Schutz gegen mechanische und chemische Einflüsse,
• Schutz gegen elektrodynamische Beanspruchungen,
• Verbindungen müssen zugänglich sein für Prüfung, Besichtigung,
• Schutzleiter ohne Schalteinrichtung, jedoch mit Trennelementen oder Klemmstellen für Prüfzwecke,
• eine Unterbrechung der Schutzleiter während des Betriebs darf nicht erfolgen, daher dürfen Schaltgeräte nicht in den Schutzleiter eingebaut werden,
• bei elektrischer Überwachung dürfen die entsprechenden Spulen nicht in die Schutzleiter eingebaut werden,
• die Verwendung der Körper elektrischer Betriebsmittel als Schutzleiter für andere Betriebsmittel ist nicht zulässig (Ausnahme: Schaltgerätekombinationen),
• Schutzleiterverbindungen und -anschlüsse müssen gegen Selbstlockern geschützt sein,
• Befestigungs- oder Verbindungsschrauben sind für den Schutzleiteranschluss ungeeignet,
• Verbindungen nicht durch Löten herstellen</td></tr>
<tr><td rowspan="4">Zuordnung des Schutzleiters zum Außenleiter</td><td>Außenleiter S in mm²</td><td>Schutzleiter S in mm²</td></tr>
<tr><td>$S \leq 16$</td><td>S</td></tr>
<tr><td>$16 < S \leq 35$</td><td>16</td></tr>
<tr><td>$S > 35$</td><td>$S/2$</td></tr>
</table>

Tabelle 4.12 (*Fortsetzung*) Schutzleiter

Berechnung des Schutzleiterquerschnitts Berechnungsbeispiele sind ausführlich in Anhang C enthalten, in: *Kiefer, G.*; *Schmolke, H.*; *Callondann, K.*: VDE 0100 und die Praxis. 18. Aufl. Berlin · Offenbach: VDE VERLAG	$S = \frac{\sqrt{I^2 \cdot t}}{k}$ S Mindestquerschnitt in mm^2, I Abschaltstrom in A, t Ansprechzeit Schutzeinrichtung $t_{max} \leq 5$ s, k Materialbeiwert (siehe **Tabelle 4.14** oder DIN VDE 0100-540:2012-06, Anhang A)
Unabhängig von der Ermittlung der Querschnitte sind bei getrennter Verlegung des Schutzleiters nachstehende Mindestquerschnitte zu beachten	• 4 mm^2 Cu oder 16 mm^2 Al ohne mechanischen Schutz, • 2,5 mm^2 Cu oder 16 mm^2 Al mit mechanischem Schutz, • 50 mm^2 Fe – bei Bandstahl (mindestens 2,5 mm Dicke), • ungeschütztes Verlegen von Al-Leitern ist nicht zulässig, • wird ein gemeinsamer Schutzleiter für mehrere Stromkreise verwendet, so muss der Querschnitt des Schutzleiters entsprechend dem Querschnitt des stärksten Außenleiters bemessen werden
Als Schutzleiter dürfen nicht verwendet werden	• Gasrohrnetze und Gasinnenleitungen, • Spannseile, Aluminiumhängeseile, Metallschläuche, • Wasserleitungen aus Metall, • flexible Metallteile, • Kabelwannen und Kabelpritschen, • Tragseile, • Konstruktionsteile, die im Normalbetrieb mechanischen Beanspruchungen ausgesetzt sind, • Metallrohre, die brennbare Stoffe, wie Gase, Flüssigkeiten, Pulver o. Ä. enthalten
Kennzeichnung der Schutzleiter	müssen über die gesamte Länge durch Zwei-Farben-Kombination **grün-gelb** nach DIN VDE 0100-510 gekennzeichnet sein. Für andere Zwecke dürfen diese Farben grün-gelb nicht verwendet werden. Ein wichtiger Hinweis: Diese Kennzeichnung gilt auch für isolierte Schutzerdungsleiter und isolierte Schutzpotentialausgleichsleiter. Diese Kennzeichnungspflicht gilt **nicht** für: • ummantelte einadrige Kabel und Leitungen (größeren Querschnitts) oder Aderleitungen (dann aber grün-gelbe Kennzeichnung an der Anschlussstelle und bei PEN-Leitern zusätzlich blaue Kennzeichnung an den Enden), • konzentrische Leiter von Kabeln oder Leitungen, • Metallmäntel oder Bewehrungen von Kabeln und Leitungen, metallene Gehäuse, fremde leitfähige Teile, • Leiter, bei denen aus Umgebungsbedingungen die Kennzeichnung nicht möglich ist

Tabelle 4.12 (*Fortsetzung*) Schutzleiter

Nennquerschnitte					
Außenleiter	Schutzleiter oder PEN-Leiter [1)]		Schutzleiter [3)] getrennt verlegt		
	isolierte Starkstromleitungen	0,6/1-kV-Kabel mit vier Leitern	geschützt mm²		ungeschützt [2)] mm²
mm²	mm²	mm²	Cu	Al	Cu
bis 0,5	0,5	–	2,5	4,0	4,0
0,75	0,75	–	2,5	4,0	4,0
1,0	1,0	–	2,5	4,0	4,0
1,5	1,5	1,5	2,5	4,0	4,0
2,5	2,5	2,5	2,5	4,0	4,0
4,0	4,0	4,0	4,0	4,0	4,0
6,0	6,0	6,0	6,0	6,0	6,0
10,0	10,0	10,0	10,0	10,0	10,0
16,0	16,0	16,0	16,0	16,0	16,0
25,0	16,0	16,0	16,0	16,0	16,0
35,0	16,0	16,0	16,0	16,0	16,0
50,0	25,0	25,0	25,0	25,0	25,0
70,0	35,0	35,0	35,0	35,0	35,0
95,0	50,0	50,0	50,0	50,0	50,0
120,0	70,0	70,0	50,0	50,0	50,0
150,0	70,0	70,0	50,0	50,0	50,0
185,0	95,0	95,0	50,0	50,0	50,0
240,0	–	120,0	50,0	50,0	50,0
300,0	–	150,0	50,0	50,0	50,0
400,0	–	185,0	50,0	50,0	50,0

[1)] PEN-Leiter ≥ 10 mm² Cu oder ≥ 16 mm² Al,
[2)] ungeschütztes Verlegen von Leitern aus Aluminium ist nicht zulässig,
[3)] ab einem Querschnitt des Außenleiters von ≥ 95 mm² vorzugsweise blanke Leiter anwenden

Tabelle 4.13 Zuordnung der Mindestquerschnitte von Schutzleitern zum Querschnitt der Außenleiter (Quelle: in Anlehnung an DIN VDE 0100-540:2012-06)

4.6 Der PEN-Leiter – Verbindung von Schutz und Neutralität in elektrischen Systemen

Dieser kombinierte Leiter gewährleistet sowohl die Funktion des Neutral- als auch des Schutzleiters in TN-Systemen, was eine kosteneffiziente und sichere Lösung darstellt.

Der PEN-Leiter ist ein elementarer Bestandteil in TN-C-Systemen, in denen er eine Doppelfunktion als Neutral- und Schutzleiter übernimmt. Diese Kombination ermöglicht es, in bestimmten elektrischen Installationen die Anzahl der Leiter zu reduzieren, indem der PEN-Leiter gleichzeitig für den Rückfluss des Betriebsstroms und die Sicherheitserdung verwendet wird. Dies unterscheidet ihn deutlich vom reinen PE-Leiter, dessen einzige Aufgabe die Unterstützung der Schutzmaßnahmen ist.

Wichtige Unterscheidung zum Schutzleiter

Während der PE-Leiter ausschließlich Sicherheitszwecken dient, indem er im Fehlerfall einen sicheren Pfad zur Erde bietet, hat der PEN-Leiter eine duale Funktion. Diese Doppelaufgabe erfordert besondere Überlegungen hinsichtlich der Auslegung und Installation, um die Sicherheit und Funktionalität des elektrischen Systems zu gewährleisten.

Anforderungen und Einschränkungen bei der Verwendung als PEN-Leiter

Trennung in PE und N: In Endstromkreisen und insbesondere in Verbraucheranlagen ist die Trennung des PEN-Leiters in einen separaten PE- und N-Leiter vorzuziehen, um die elektrische Sicherheit zu erhöhen.

Querschnitt und Belastbarkeit: Der PEN-Leiter muss einen ausreichenden Querschnitt aufweisen, um sowohl den Betriebsstrom sicher zu führen als auch im Fehlerfall die Fehlerströme zuverlässig zu erden.

Nicht zu verwenden bei: Der Einsatz eines PEN Leiters ist in Bereichen mit hohen Sicherheitsanforderungen oder dort, wo die Trennung von Neutral- und Schutzfunktion aus Sicherheitsgründen zwingend ist, zu vermeiden.

Kennzeichnung des PEN-Leiters

Die Kennzeichnung des PEN-Leiters erfolgt üblicherweise in der Farbe Blau entlang des gesamten Leiters, mit grün-gelben Markierungen an den Anschlusspunkten, um die Kombination von Neutral- und Schutzfunktion zu signalisieren. Diese spezifische Kennzeichnung dient der klaren Identifizierung und soll Verwechslungen mit reinen PE- oder N-Leitern vorbeugen.

Sorgfältige Planung

Die Verwendung des PEN-Leiters erfordert eine sorgfältige Planung und Auslegung des elektrischen Systems, um Konflikte zwischen den Neutral- und Schutzfunktionen zu vermeiden.

Prüfungen und Wartung

Systeme mit PEN-Leitern bedürfen regelmäßiger Überprüfungen, um sicherzustellen, dass die Integrität des Leiters und seine Fähigkeit, sowohl den Neutral- als auch den Schutzerdungspfad bereitzustellen, nicht beeinträchtigt sind.

4.7 Die Haupterdungsschiene/Hauptpotentialausgleichsschiene – zentrale Elemente elektrischer Sicherheit

Sie dienen als zentraler Knotenpunkt für die Erdung und den Potentialausgleich, was eine gleichmäßige und sichere Verteilung des Erdungspotentials ermöglicht.

Die Haupterdungsschiene und die Hauptpotentialausgleichsschiene sind zentrale Bestandteile der Elektroinstallationen, die entscheidend zur Sicherheit und zum Schutz vor elektrischen Gefahren beitragen. Obwohl sie ähnliche Funktionen erfüllen, dienen sie unterschiedlichen Zwecken und weisen spezifische Eigenschaften auf.

Die Haupterdungsschiene: ist das zentrale Verbindungselement, an das alle Erdungsleiter, einschließlich des Fundamenterders, angeschlossen werden. Ihre Hauptaufgabe besteht darin, eine zuverlässige elektrische Verbindung zum Erdreich herzustellen und so einen effektiven Schutz bei elektrischen Fehlern zu gewährleisten. Sie bildet den zentralen Erdungspunkt, an dem alle Schutz- und Funktionserdungsleiter zusammenlaufen.

Die Hauptpotentialausgleichsschiene: dient dem Ausgleich von Potentialunterschieden innerhalb der elektrischen Anlage und zwischen verschiedenen leitfähigen Teilen, die bei einem Isolationsfehler Spannung annehmen könnten. An sie werden nicht nur die Erdungsleiter, sondern auch Leiter für den Potentialausgleich, wie Wasser- und Gasleitungen, angeschlossen, um eine Potentialgleichheit zu gewährleisten und Funkenbildung oder Stromschläge zu verhindern.

Anschluss an die Haupterdungsschiene

Alle Erdungsleiter, einschließlich der Leiter, die von externen Erdern (wie Fundamenterder oder Tiefenerder) kommen, müssen an die Haupterdungsschiene angeschlossen werden. Dieser zentrale Anschlusspunkt sorgt dafür, dass im Falle eines elektrischen Fehlers ein sicherer Stromfluss in das Erdreich ermöglicht wird, wodurch Personen und technische Anlagen geschützt werden.

Verbindungen über die Haupterdungsschiene

- Schutzerdungsleiter (PE),
- Fundamenterder und andere Erdungseinrichtungen,
- metallische Versorgungsleitungen (zur Herstellung des Potentialausgleichs)

Anforderungen an Haupterdungsschienen nach DIN VDE 0618-1:2023-03

Die DIN VDE 0618-1 legt spezifische Anforderungen an die Ausführung und den Anschluss von Haupterdungsschienen fest, umfasst die konstruktiven Anforderungen, die den Aufbau betreffen, die mechanischen Festigkeiten, die Alterungsbedingungen und gibt erforderliche Prüfungen an, um einen hohen Sicherheitsstandard zu gewährleisten. Zu diesen Anforderungen gehören:

- *Material und Dimensionierung:* Haupterdungsschienen müssen aus korrosionsbeständigem Material bestehen und so dimensioniert sein, dass sie den max. zu erwartenden Strom ohne Schaden leiten können.
- *Kennzeichnung:* Die Haupterdungsschiene muss klar gekennzeichnet sein, um Verwechslungen zu vermeiden und die Sicherheit bei Wartungsarbeiten zu erhöhen.
- *Zugänglichkeit:* Die Installation muss so erfolgen, dass die Haupterdungsschiene leicht zugänglich ist für Prüf-, Wartungs- und Erweiterungsarbeiten.
- *Prüfungen:* mechanisch und elektrische Prüfungen
- *Anschlussmöglichkeiten:* Es müssen ausreichende Anschlussmöglichkeiten für alle zu erwartenden Erdungs- und Potentialausgleichsleiter vorgesehen werden.

Haupterdungsschiene (Haupterdungsklemme, Haupterdungsanschluss-punkt) Definition nach DIN VDE 0100-200:2006-06	ist der Anschlusspunkt oder die Schiene, die Teil der Erdungsanlage einer Anlage ist und die die elektrische Verbindung von mehreren Leitern zu Erdungszwecken ermöglicht
Haupterdungsschiene nach DIN VDE 0100-540:2012-06	ist der Anschlusspunkt oder die Schiene eines elektrischen Betriebsmittels, das berührt werden kann und üblicherweise nicht unter Spannung steht, aber unter Spannung geraten kann, wenn die Basisisolierung versagt
Anschluss an Haupterdungsschiene	Erdungsleiter, Schutzleiter, Schutzpotentialausgleichsleiter und evtl. Funktionserdungsleiter
Konstruktion der Haupterdungsschiene	sollte so gestaltet sein, dass jeder Erdungsleiter bzw. jeder Leiter einzeln getrennt werden kann
Aufgabe der Haupterdungsschiene	der Schutzpotentialausgleich über die Haupterdungsschiene verstärkt die Wirkung der automatischen Abschaltung der Stromversorgung im Fehlerfall, d. h., verbleibende Gefährdungen bei Versagen des Fehlerschutzes sollen sich dadurch verringern (Berührungsspannung bei einem Körperschluss muss unter 50 V liegen). Bei dem Schutzpotentialausgleich über die Haupterdungsschiene kann man auch von einem zweiten Teil der Fehlerschutzvorkehrungen sprechen. Der Schutzpotentialausgleich sorgt dafür, dass das Potential der Bezugserde nicht ins Innere des Gebäudes gelangt
Verbindungen über die Haupterdungsschiene	• Schutzleiter PE im TT-System, • PEN-Leiter in TN-System, • Erdungsleiter (z. B. Anschluss Fundamenterder), • alle leitfähigen Teile, die von außen in das Gebäude führen, wie metallene Rohrleitungen, metallene Mäntel von Kabeln, metallene Verstärkungen von Gebäudekonstruktionen, • Potentialausgleichsleiter zur Verbindung z. B. mit Fernmelde- und Antennenanlage, evtl. Blitzschutzanlage, • evtl. Funktionspotentialausgleichsleiter
Anforderungen an Haupterdungsschienen nach DIN VDE 0618-1	• Mindestquerschnitt der Klemmenschiene mindestens 25 mm^2 Cu, • Anschlussstellen ermöglichen guten und dauerhaften Kontakt, • Klemmstellen müssen so konstruiert sein, dass die Leiter ohne besonderes Herrichten und Beschädigung montiert werden können und nur mit Werkzeug lösbar sind, • die Klemmstellen für Leiter ab 10 mm^2 blitzstromtragfähig ausgelegt sind, • die Leiteranschlüsse müssen gekennzeichnet werden können, • Anschlussmöglichkeiten für Leiter: – 1× flach 4 mm × 30 mm/10 mm Durchmesser, – 1× 50 mm^2, – 6× 6 mm^2 bis 25 mm^2, – 1× 2,5 mm ^{2} bis mindestens 6 mm^2

Tabelle 4.14 Haupterdungsschiene

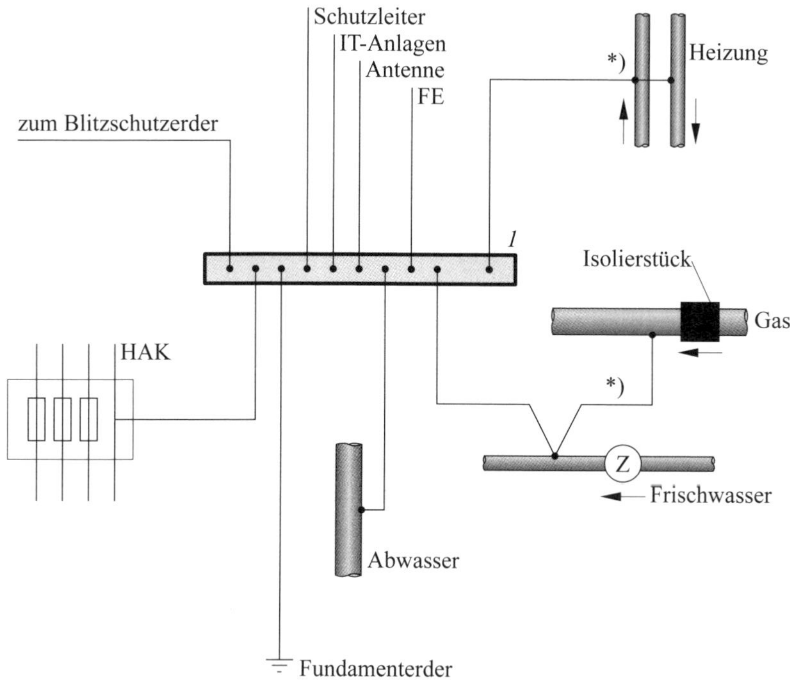

Bild 4.4 Haupterdungsschiene
(Quelle: Bild 13.1 in: *Schmolke, H.*; *Callondann, K.*: DIN VDE 0100 richtig angewandt. VDE-Schriftenreihe Band 106. 8. Aufl. Berlin · Offenbach: VDE VERLAG)

4.8 Die Schutzpotentialausgleichsleiter – ein wesentlicher Baustein für elektrische Sicherheit

Durch die Verbindung aller metallenen, leitfähigen Teile einer Anlage tragen sie entscheidend zur Vermeidung von gefährlichen Potenzialdifferenzen bei.

Schutzpotentialausgleichsleiter sind zentrale Elemente in der elektrischen Installation, die dazu dienen, Potentialunterschiede zwischen verschiedenen leitfähigen Teilen einer elektrischen Anlage oder zwischen diesen und der Erde auszugleichen. Sie tragen maßgeblich dazu bei, die Gefahr elektrischer Schläge zu minimieren und die Sicherheit sowohl von Personen als auch von elektrischen Geräten zu erhöhen.

Aufgabe der Schutzpotentialausgleichsleiter

Die Hauptaufgabe der Schutzpotentialausgleichsleiter besteht darin, alle leitfähigen Teile einer Anlage, die nicht zum Betriebsstromkreis gehören, aber im Fehlerfall Spannung annehmen könnten, so miteinander zu verbinden, dass zwischen ihnen kein gefährlicher Potentialunterschied entstehen kann. Dies schließt unter anderem Wasser- und Gasleitungen, Heizungssysteme und metallische Konstruktionsteile mit ein. Der Schutzpotentialausgleich verhindert effektiv, dass Personen, die gleichzeitig zwei verschiedene leitfähige Teile berühren, einem elektrischen Schlag ausgesetzt werden.

Anforderungen an Verbindungen, Klemmen und Anschlüsse

Elektrische Leitfähigkeit: Die Verbindungen müssen eine hohe elektrische Leitfähigkeit aufweisen, um einen effektiven Potentialausgleich zu gewährleisten.

Mechanische Festigkeit: Die mechanische Festigkeit der Verbindungen, Klemmen und Anschlüsse muss hoch genug sein, um langfristige Zuverlässigkeit unter normalen Betriebsbedingungen und im Fehlerfall zu garantieren.

Korrosionsbeständigkeit: Alle Komponenten des Schutzpotentialausgleichs müssen korrosionsbeständig sein, um eine dauerhafte elektrische Verbindung sicherzustellen.

Zugänglichkeit: Verbindungen sollten so gestaltet sein, dass sie für Inspektionen und Wartungsarbeiten leicht zugänglich sind.

Kennzeichnung: Es ist wichtig, dass Schutzpotentialausgleichsleiter und ihre Anschlüsse klar gekennzeichnet sind, um Verwechslungen zu vermeiden und die Sicherheit bei Wartungsarbeiten zu erhöhen.

Kennzeichnung der Schutzpotentialausgleichsleiter

Die Kennzeichnung von Schutzpotentialausgleichsleitern erfolgt durch die Verwendung spezifischer Farben oder Kennzeichnungen, die ihre Funktion eindeutig anzeigen. Obwohl es keine international einheitliche Farbcodierung gibt, wird oft die Verwendung von grün-gelben Leitern empfohlen, um sie deutlich von anderen Leitern zu unterscheiden. Es ist wichtig, dass diese Kennzeichnung konsistent innerhalb der gesamten Anlage angewendet wird.

Schutzpotential-ausgleichsleiter	ist nach DIN VDE 0100-200 ein Schutzleiter zur Herstellung des Schutz-potentialausgleichs
Aufgabe	Dieser Leiter verbindet beim: • **Schutzpotentialausgleich über die Haupterdungsschiene (DIN VDE 0100-410):** die Haupterdungsschiene mit allen leitfähigen Teilen, die von außen das Erdpotential ins Gebäude einführen können, • **zusätzlichen Schutzpotentialausgleich (DIN VDE 0100-410):** alle gleichzeitig berührbaren Körper von fest angeschlossenen Betriebs-mitteln mit dem Schutzleiter und den fremden leitfähigen Teilen, in dem der zusätzliche Schutzpotentialausgleich wirksam werden soll
Kennzeichnung	Es gilt nach DIN VDE 0100-510 die **gleiche Kennzeichnungspflicht** wie **beim Schutzleiter**, also müssen die Schutzpotentialausgleichsleiter über die gesamte Länge durch Zwei-Farben-Kombination **grün-gelb** gekennzeichnet sein. Für andere Zwecke dürfen diese Farben grün-gelb nicht verwendet werden. Ein wichtiger Hinweis: Diese Kennzeichnung gilt auch für isolierte Schutz-erdungsleiter und isolierte Schutzpotentialausgleichsleiter. Diese Kennzeichnungspflicht gilt **nicht** für: • ummantelte einadrige Kabel und Leitungen (größeren Querschnitts) oder Aderleitungen (dann aber grün-gelbe Kennzeichnung an der Anschluss-stelle und bei PEN-Leitern zusätzlich blaue Kennzeichnung an den Enden), • konzentrische Leiter von Kabeln oder Leitungen, • Metallmäntel oder Bewehrungen von Kabeln und Leitungen, metallene Gehäuse, fremde leitfähige Teile Leiter, bei denen aus Umgebungsbedin-gungen die Kennzeichnung nicht möglich ist. Wichtig: Funktionspotentialausgleichsleiter dürfen nicht grün-gelb gekenn-zeichnet werden
Querschnitt für Verbindung mit der Haupterdungsschiene, Abschnitt 544.1 von DIN VDE 0100-540	Cu: mindestens 6 mm^2 nicht größer als 25 mm^2, Al: mindestens 16 mm^2, Stahl: mindestens 50 mm^2
Querschnitt für zusätzlichen Schutz-potentialausgleich, Abschnitt 544.2 von DIN VDE 0100-540	• Verbindung zweier Körper von elektrischen Betriebsmitteln: Die Leit-fähigkeit darf nicht kleiner als die des kleineren Schutzleiters, der an die Körper angeschlossen ist. • Verbindung der Körper elektrischer Betriebsmittel mit fremden leitfähi-gen Teilen: Die Leitfähigkeit muss mindestens halb so groß sein, wie die des Querschnitts des Schutzleiters. • Mindestquerschnitt zusätzlicher Schutzpotentialausgleich und Verbin-dung zwischen zwei fremden leitfähigen Teilen: Ist ein mechanischer Schutz vorhanden: 2,5 mm^2 Cu oder 16 mm^2 Al; ohne mechanischen Schutz: 4 mm^2 Cu oder 16 mm^2 Al.

Tabelle 4.15 Schutzpotentialausgleichsleiter

Anforderungen Verbindungen, Anschlüsse, Klemmen	• guter und dauerhafter Kontakt notwendig, • mit Rohrschellen z. B. nach DIN 62561-1 (**VDE 0185-561-1**), Bandschellen, Bolzen, Hartlöt- oder Schweißverbindung, • Schrauben mindestens M6, • Umhüllungen geschützt vor mechanischer, chemischer, thermischer Beanspruchung, • Anschlüsse müssen zugänglich sein, • in feuchten und nassen Räumen Korrosionsschutz vorsehen durch Vergussmassen, Anstrich, bewickeln usw.
Zusätzlicher Schutzpotentialausgleich in Betriebsstätten, Räumen und Anlagen besonderer Art	In der Gruppe 700 der DIN VDE 0100 sind in einigen Teilen zusätzliche Anforderungen gestellt worden für den zusätzlichen Schutzpotentialausgleich, wie in Räumen mit Badewanne oder Dusche, bei Becken von Schwimmbädern, in landwirtschaftlichen und gartenbaulichen Betriebsstätten, in leitfähigen Bereichen, in Unterrichtsräumen, in medizinisch genutzten Bereichen und Potentialausgleich in explosionsgefährdeten Bereichen; hier sind evtl. Anforderungen an die Schutzpotentialausgleichsleiter zu beachten. Tipp: Weitere Hinweise finden sich im Buch *Cichowski, R. R.*: Der rote Faden durch die Gruppe 700 der DIN VDE 0100. VDE-Schriftenreihe Band 168. Berlin · Offenbach: VDE VERLAG
Praxistipps	• vorteilhaft sind Klemmen mit Spannband, weil sie für viele Rohrquerschnitte auf verschiedenen Materialien passen und eine rationelle Lagerhaltung ermöglichen, • sind Wasserverbrauchsleitungen und Gasinnenleitungen teilweise nicht aus metallenen Werkstoffen, so müssen die nicht leitfähigen Strecken nicht mit einem Potentialausgleich überbrückt werden, • nach DIN VDE 0100-540:2012-06 sind Wasserrohre nicht als Schutz- oder Potentialausgleichsleiter zu verwenden, daher müssen Wasseruhren nicht mehr überbrückt werden, die Wasserverbrauchsleitung muss jedoch in den Schutzpotentialausgleich einbezogen werden

Tabelle 4.15 (*Fortsetzung*) Schutzpotentialausgleichsleiter

5 Planung, Errichtung und Dokumentation von Erdungsanlagen für Gebäude nach DIN 18014:2023-06

Ein umfassender Leitfaden, der sicherstellt, dass alle Aspekte von der Konzeption bis zur Fertigstellung einer Erdungsanlage den neuesten Normen entsprechen.

Für die Planung, die Errichtung, den Betrieb, die Instandhaltung und die Prüfung von elektrischen Anlagen und Betriebsmitteln ist die Kenntnis über den normgerechten Umgang mit den Erdungsanlagen eine unerlässliche Forderung. Gemäß der Niederspannungsanschlussverordnung (NAV) ist die Erdungsanlage ein wichtiger Bestandteil der elektrischen Anlage, denn der Erder als leitfähiges Teil ist mit der Erde über die Haupterdungsschiene mit der elektrischen Anlage verbunden. Die Notwendigkeit oder sogar die Wichtigkeit der Erdungsanlage, die mit hoher Priorität normgerecht und bauhandwerklich zuverlässig behandelt werden muss, wird u. a. dadurch deutlich, dass sich viele DIN-VDE-Normen mit Anforderungen an die Erdungsanlage in der Gesamtheit oder an Teilen dieser Anlage inhaltlich auseinandersetzen *(→ Kapitel 2 dieses Buchs)*. Andererseits sind bei der Errichtung von Erdungsanlagen für Gebäude nicht nur Elektrofachkräfte beteiligt, sondern auch viele Bauhandwerker aus anderen Fachbereichen. Daher hat die genannte Norm DIN 18014 auch nicht ein Arbeitskreis der DKE Deutsche Kommission Elektrotechnik Elektronik Informationstechnik in DIN und VDE, diese Norm erarbeitet, sondern ein Gremium des DIN-Normenausschusses Bauwesen (NABau) hat bereits vor Jahrzehnten diese Querschnittsnorm erstellt und die verschiedenen Anforderungen mit mehreren Fachleuten aus etlichen Fachbereichen abgestimmt. Diese Norm, mit der bereits seit den 1970er-Jahren, z. B. mit dem Fundamenterder, positive Erfahrungen gesammelt wurden, liegt seit 2023 überarbeitet vor.

Die Norm DIN 18014 aus dem Jahr 2014 ist mit der jetzt gültigen Norm DIN 18014:2023-06 an den aktuellen Stand der Technik im Bauwesen angepasst, denn durch z. B. die Abdichtung von Gebäuden gegen Feuchtigkeit oder durch die Wärmedämmung des Fundaments, könnte die Wirksamkeit (Erdung/Potentialausgleich) des Fundamenterder gefährdet sein.

Erläuterungen zu den *wesentlichen Änderungen* in der neuen Norm gegenüber dem Vorgängerdokument: Die gesamte Norm ist umstrukturiert und redaktionell verändert worden. Den Nutzern der Norm stehen Informationen im Zusammenhang vom Fundamenterder zu Betonfundamenten mit geringer Erdfühligkeit zur Verfügung. Um die richtige Auswahl für das jeweilige Objekt treffen zu können, sind Kriterien für die Gleichwertigkeit verschiedener Ausführungen von Erdungsanlagen aufgestellt.

Die verschiedenen Ausführungsvarianten von Erdungsanlagen ermöglichen die Verwendung von Alternativen, z. B. Vertikalerder für ein Erdungssystem. Hilfestellung für den Nutzer durch viele Aktualisierungen und Ergänzungen durch Zeichnungen und Erläuterungen für die Praxis sind enthalten. Aussagen über die Strombelastbarkeit von Erdungsanlagen können ebenfalls Hilfestellung bieten. Außerdem werden Bedingungen beschrieben, unter denen auf eine kombinierte Potentialausgleichsanlage verzichtet werden kann. Zusätzliche Vorgaben für die Planung, Errichtung, Prüfung und Dokumentation von Erdungsanlagen runden die Inhalte der Norm ab. In der → *Tabelle 2.1 Schnellübersicht zu DIN 18014:2023-06* sind die Änderungen kurz zusammengefasst. Die Norm ist für den Neubau und das Nachrüsten von Gebäuden geeignet.

5.1 Funktionen von Erdungsanlagen

Erläutert die kritischen Sicherheits- und Funktionalitätsaspekte, die Erdungsanlagen in modernen elektrischen Installationen erfüllen.

Diese Norm DIN 18014:2023-06 legt die Anforderungen für die Planung, Ausführung/ Errichtung und Prüfung von Erdungsanlagen in Gebäuden fest. Diese Anforderungen zielen darauf ab, eine sichere und effektive Erdung für elektrische Anlagen zu gewährleisten, die sowohl die Sicherheit von Personen als auch die Zuverlässigkeit und Langlebigkeit der elektrischen Installationen unterstützt, daher sollte der Errichter auch die Lebensdauer der Gebäude, in der eine Erdungsanlage errichtet werden soll, im Blick haben. Nachfolgend einige Erläuterungen zu den wichtigsten Eckpunkten:

Erfüllung von Schutzmaßnahmen in der elektrischen Anlage

Erdungsanlagen sind notwendig, um Personen vor elektrischem Schlag zu schützen, indem sie sicherstellen, dass im Fehlerfall (z. B. bei einem Isolationsfehler) der Fehlerstrom sicher zur Erde abgeleitet wird. Dies hilft, das Potential, das eine Person berühren könnte, auf einem sicheren Niveau zu halten und ermöglicht das ordnungsgemäße Funktionieren von Schutzeinrichtungen wie Fehlerstrom-Schutzschaltern (RCDs).

Führen von Erdfehlerströmen zur Erde

Im Falle eines Isolationsfehlers in der Anlage ermöglicht die Erdungsanlage, dass der Fehlerstrom sicher zur Erde geführt wird, ohne dass es zu einer unzulässigen Erwärmung, mechanischen Beanspruchungen der Anlagenkomponenten oder einem elektrischen Schlag für Personen kommt. Dies wird durch eine ausreichende Dimensionierung der Erdungsanlage erreicht, die auf den zu erwartenden Fehlerstrom abgestimmt ist.

Funktionserdung und Potentialausgleich

Funktionserdung dient spezifischen funktionellen Anforderungen elektrischer Anlagen, wie dem Betrieb von elektrotechnischen und elektronischen Geräten, die eine stabile Erdverbindung benötigen. Der Potentialausgleich gewährleistet, dass zwischen leitfähigen Teilen kein gefährliches Potentialgefälle entsteht, indem alle leitfähigen Teile auf dasselbe Potential gebracht werden.

Potentialsteuerung und niederimpedante Einbindung von Betriebsmitteln

Dies bezieht sich auf Maßnahmen, die notwendig sind, um Potentialunterschiede innerhalb des Gebäudes zu minimieren, insbesondere um elektronische Geräte vor transienten (kurzzeitigen) und dauerhaften hochfrequenten Störungen zu schützen. Eine niederimpedante Verbindung zum Potentialausgleich hilft, die Integrität der Signalübertragung und den Schutz der Betriebsmittel zu gewährleisten.

Führung der Ausgleichströme bei Mehrfacheinspeisungen

In Systemen mit Mehrfacheinspeisungen, wie bei der parallelen Nutzung von Netzstrom und erneuerbaren Energiequellen, müssen die Ausgleichströme sicher geführt werden. Dies verhindert Potentialunterschiede und ermöglicht einen sicheren Betrieb aller Einspeisungen auf ein gemeinsames Erdungssystem.

Reduzierung von Potentialunterschieden zwischen Erder und verbundenen Teilen

Um Personen und technische Anlagen zu schützen, ist es notwendig, Potentialunterschiede zwischen dem Erder und äußeren sowie inneren Teilen, die mit dem Schutzleiter verbunden sind, zu reduzieren. Dies verhindert gefährliche Berührungsspannungen und trägt zur allgemeinen Sicherheit der elektrischen Installation bei.

5.2 Planung und Projektierung von Erdungsanlagen

Bietet einen strategischen Ansatz für die Entwicklung effektiver Erdungsanlagen, inkl. der Bewertung von Risiken und der Berücksichtigung von Gebäudeeigenschaften.

Bei der Realisierung größerer elektrotechnischer Anlagen spielt die sorgfältige Planung und Projektierung eine entscheidende Rolle, um Sicherheit, Effizienz und Normkonformität zu gewährleisten. Dies gilt insbesondere für Erdungsanlagen, die eine fundamentale Komponente im Schutzkonzept jeder elektrotechnischen Installation darstellen. Aufgrund ihrer zentralen Bedeutung für den Schutz von Menschen, Anlagen und Geräten vor elektrischen Gefahren wie Blitzeinschlägen und Überspannungen, erfordert die Planung und Errichtung von Erdungsanlagen ein hohes Maß an Fachwissen und Präzision. Die Komplexität dieser Aufgabe wird noch durch die Tatsache verstärkt, dass häufig mehrere Gewerke und Schnittstellen koordiniert werden müssen, was eine umfassende Abstimmung und Integration in das Gesamtprojekt erfordert.

Die Übernahme der Verantwortung für die Planung, Projektierung und späteren Errichtung von Erdungsanlagen durch qualifizierte Elektro- und Blitzschutzfachkräfte ist daher nicht nur eine Frage der Normkonformität, beispielsweise gemäß DIN 18014:2023-06, sondern auch ein Gebot der Verantwortung gegenüber der Sicherheit aller Beteiligten und der Anlage selbst. Nur durch das tiefgreifende Verständnis der Materie, das diese Fachkräfte mitbringen, kann die Integrität der elektrotechnischen Anlagen gewährleistet und der Schutz von Personen und Sachwerten effektiv sichergestellt werden. Die Planung und Projektierung von Erdungsanlagen ist somit ein kritischer Schritt, der Weitsicht, Fachkenntnis und eine enge Zusammenarbeit aller Beteiligten erfordert, um die höchsten Standards in Sicherheit und Leistung zu erreichen.

Die Weitsicht und damit eine vorzeitige, fachmännische Planung ist auch deshalb erforderlich, weil bestimmte Maßnahmen, die nicht bereits bei der Errichtung des Gebäudes getroffen werden, z. B. eine ausreichende Anzahl von Anschlusspunkten oder ein kombinierter Potentialausgleich, später in gleicher Qualität und Funktionalität überhaupt nicht mehr oder nur mit erheblichem Mehraufwand umgesetzt werden können.

In der **Tabelle 5.1** sind die wichtigen Eckdaten und Einflussfaktoren, die vor und während der Planungs- und Projektierungsarbeiten zu berücksichtigen sind, zusammengefasst.

• Wichtige Voraussetzung: Die Erdungsanlage ist durch die Verbindung zur Haupterdungsschiene ein wichtiger Bestandteil der gesamten elektrischen Anlage. • Bei der Planung- und Projektierung der Erdungsanlage ist die Lebensdauer des jeweiligen Gebäudes zu berücksichtigen. • Die Norm DIN 18014:2023-06 ist für Neuanlagen und für Nachrüstungen von Erdungsanlagen anzuwenden. • Erdungsanlagen nach DIN 18014:2023-06 dürfen von Elektro- und Blitzschutzfachkräften geplant werden, wobei die notwendigen Kenntnisse den Anforderungen der zu errichtenden Erdungsanlage entsprechen müssen. • Es ist zu beachten, dass der Anschluss der Erdungsanlage an die Haupterdungsschiene nur durch ein bei einem Netzbetreiber eingetragenes Elektroinstallationsunternehmen durchgeführt werden darf.*) (sollte bereits bei der Planung mitberücksichtigt werden) • Die Planung und Projektierung sind nach den jeweiligen örtlichen Verhältnissen des Objekts, die geprüft und berücksichtigt werden müssen, durchzuführen. • Die Errichtung/Ausführung der Erdungsanlagen dürfen nach DIN 18014:2023-06 ebenfalls Elektro- und Blitzschutzfachkräfte oder Baufachkräfte durchführen, aber unter Aufsicht einer Elektro- oder Blitzschutzfachkraft. (→ Kapitel 5.4 Ausführung der Erdungsanlagen) • Je nach Größe und Komplexität der Erdungsanlage reicht evtl. die Verantwortung der Fachkraft aus (z. B. bei der Ausführung eines kleinen Wohnhauses ist eine ständige Anwesenheit bei den Arbeiten nicht erforderlich) aber z. B. bei Industrieanlagen ist die dauernde Anwesenheit des Fachmanns unumgänglich. • Das Anschließen des Erdungsleiters an die Haupterdungsschiene bleibt ausschließlich dem Elektroinstallationsunternehmen vorbehalten, die Verbindung weitere Anlagen an die Haupterdungsschiene können auch Mitarbeiter der jeweiligen anderen Unternehmen durchführen, z. B. Antennenanlagen. • Als Unterstützung der Arbeit können der Planer und der Projektierer auf das Formblatt „Grundlagenermittlung zur Planung einer Erdungsanlage“, Anhang B der DIN 18014:2023-06 zurückgreifen. Es ist ausdrücklich durch DIN gestattet, dieses Formblatt als Arbeitshilfe zu nutzen. → Tabelle 5.2 • Nach diesem Formblatt müssen der Planer und der Anschlussnehmer z. B. folgende Punkte abstimmen: Ausführung des Fundaments/notwendige Erdfühligkeit/Anzahl und Lage der Anschlusspunkte/erforderlicher Zweck und Funktionen der Erdungsanlage und kombinierten Potentialausgleichsanlage/bauliche Besonderheiten des Objekts. • Überprüfen, inwieweit andere Normen bei der Planung und Projektierung eine Rolle für das jeweilige Objekt spielen könnten. → Kapitel 2 dieses Buchs
*) Anmerkung: § 13, NAV, Niederspannungsanschlussverordnung: *„Die Arbeiten dürfen außer durch den Netzbetreiber nur durch ein in ein Installateurverzeichnis eines Netzbetreibers eingetragenes Installationsunternehmen durchgeführt werden; im Interesse des Anschlussnehmers darf der Netzbetreiber eine Eintragung in das Installateur Verzeichnis nur von dem Nachweis einer ausreichenden fachlichen Qualifikation für die Durchführung der jeweiligen Arbeiten abhängig machen.“*

Tabelle 5.1 Eckdaten und Einflussfaktoren für die Planungs- und Projektierungsarbeiten von Erdungsanlagen

Formblatt „Grundlagenermittlung zur Planung einer Erdungsanlage“

Bericht-Nr.:	**Datum der Planung:**		**Name des Planers:**
Angaben zum Gebäude	Straße:		
	PLZ, Ort:		
	Nutzung:		
	Bauart:		
	Art des Fundamentes:		
Angaben zum Planer	❒ Elektrofachkraft	❒ Blitzschutzfachkraft	❒ ________________
	Firma, Name:		
	Straße:		
	PLZ, Ort:		
Vom Auftraggeber bzw. Anschlussnehmer vorgegebene Lebensdauer des Gebäudes – siehe 4.1	_____ Jahre		
Bauart/Ausführung des Fundaments	❒ Fundamentplatte		
	❒ Streifenfundament		
	❒ Einzelfundament		
	❒ geschlossene Wanne		
	❒ Faserbeton		
	❒ ____________________		
Eignung des Betons für Fundamenterder	❒ Beton geeignet für Fundamenterder		
	❒ Beton nicht geeignet für Fundamenterder		
Notwendige Erdfühligkeit nicht gegeben durch Verwendung von	❒ Bitumenabdichtung (schwarze Wanne)		
	❒ schlagzähe Kunststoffbahnen als Sauberkeitsschicht		
	❒ Perimeterdämmung, seitlich und auf der Unterseite des Fundaments (Vollperimeterdämmung)		
	❒ kapillarbrechende, schlecht elektrisch leitende Bodenschichten aus Recyclingmaterial (z. B. Glasschaumschotter, Recyclinggranulat, vermörtelte Böden)		
	❒ Radonschutz		
	❒ ____________________		

Tabelle 5.2 Grundlagenermittlung zur Planung einer Erdungsanlage nach DIN 18014:2023-06, Tabelle B.1

Bericht-Nr.:	Datum der Planung:	Name des Planers:
Bauliche Besonderheiten	❒ Dehnungsfugen	
	❒ Baugrenzen	
	❒ mehrere Netzanschlüsse innerhalb der Erdungsanlage	
	❒ ____________	
	❒ ____________	
Zusätzliche Anforderungen	❒ elektrischen Anlagen über 1 kV nach DIN EN IEC 61936-1 (**VDE 0101-1**) und DIN EN 50522 (**VDE 0101-2**)	
	❒ explosionsgefährdeten Bereichen nach DIN EN 60079 (**VDE 0165**)	
	❒ Blitzschutzsystem nach DIN EN 62305-*x* (**VDE 0185-305-*x***)	
	❒ informationstechnischen Systemen nach DIN EN 50310 (**VDE 0800-2-310**)	
	❒ Kabelnetze und Antennenanlagen nach DIN EN 60728-11 (**VDE 0855-1**)	
	❒ Funksende-/-empfangssysteme für Senderausgangsleistungen bis 1 kW nach DIN VDE 0855-300	
	❒ Anlagen mit Fernspeisung nach DIN VDE 0800-3	
	❒ ____________	
Zweck und Funktionen der Erdungsanlage nach Abschnitt 4.1 und Abschnitt A.1	❒ Erfüllung von Schutzmaßnahmen in der elektrischen Anlage	
	❒ Führen von Erdfehlerströmen und Schutzleiterströmen zur Erde	
	❒ Funktionserdung und -potentialausgleich	
	❒ Potentialsteuerung innerhalb des Gebäudes und das impedanzarme Einbeziehen von Betriebsmitteln in den Potentialausgleich	
	❒ Führen von Ausgleichsströmen besonders bei Mehrfacheinspeisungen	
	❒ Reduzierung von Potentialunterschieden zwischen Erder, äußeren und inneren Teilen	
	❒ Kombinierte Potentialausgleichsanlage	
	❒ Verbindung der Erdungsanlagen von Gebäuden zur Unterstützung eines globalen Erdungssystems	
	❒ Sicherstellung der Spannungswaage nach DIN VDE 0100-410	
	❒ als Voraussetzung für den Verzicht des Schaltens eines Neutralleiters in Deutschland nach DIN VDE 0100-460	
	❒ Erhöhung der Wirksamkeit des Schutzpotentialausgleichs nach DIN VDE 0100-410	
	❒ Schutzerdung im TT-System nach DIN VDE 0100-410	

Tabelle 5.2 (*Fortsetzung*) Grundlagenermittlung zur Planung einer Erdungsanlage nach DIN 18014:2023-06, Tabelle B.1

Bericht-Nr.:	Datum der Planung:	Name des Planers:
	❒ Schutz und Funktionserdung von Erzeugungsanlagen, z. B. PV-Anlagen nach DIN VDE 0100-712 und Speichern nach VDE-AR-N 4105	
	❒ Erdung von dauerhaft errichteten elektrischen Anlagen, die dafür vorgesehen sind, vom Stromversorgungsnetz getrennt zu werden und durch eine eigenständige Niederspannungsstromerzeugungseinrichtung versorgt werden, nach DIN VDE 0100-551	
	❒ Erdung von Kabelnetzen und Antennenanlagen nach DIN EN 60728-11 (**VDE 0855-1**)	
	❒ Erdung von Anlagen mit Fernspeisung nach DIN VDE 0800-3	
	❒ Erdung von Funksende-/-empfangssystemen für Senderausgangsleistungen bis 1 kW nach DIN VDE 0855-300	
	❒ Erdung von Überspannungs-Schutzeinrichtungen Typ 1 nach DIN VDE 0100-534	
	❒ Erdung von Blitzschutzsystemen nach DIN EN 62305-*x* (**VDE 0185-305-*x***)	
	❒ Teil einer gemeinsamen Erdungsanlage bzw. eines gemeinsamen Erdungssystems den Zwecken der Hochspannungsschutz- und Hochspannungsbetriebserdung nach DIN EN IEC 61936-1 (**VDE 0101-1**) und DIN EN 50522 (**VDE 0101-2**)	
	❒ Erdung in explosionsgefährdeten Bereichen nach DIN EN 60079 (**VDE 0165**) (alle Teile)	
	❒ Erdung von Gasanlagen z. B. nach DVGW-Information Gas Nr. 17	
	❒ direkte Anbindung eines Betriebsmittels oder Verteilung an die kombinierte Potentialausgleichsanlage (CBN) nach DIN EN 60204-1 (**VDE 0113-1**)	
	❒ ____________________	
Zweck und Funktionen der kombinierten Potentialausgleichsanlage nach Abschnitt 7 und Abschnitt A.2	Als Ersatz für einen Potentialausgleichsleiter ❒ im Rahmen des Schutzpotentialausgleichs nach DIN VDE 0100-410 ❒ gemeinsamer Schutz-und Funktionspotentialausgleich sowie zur Funktionserdung nach DIN VDE 0100-540 ❒ in einer Potentialausgleichsanlage von Gebäuden nach DIN VDE 0100-444 nd DIN EN 50310 ❒ Sicherstellung der elektromagnetischen Verträglichkeit (EMV) nach DIN VDE 0100-444	
	❒ Potentialsteuerung innerhalb des Gebäudes	
	❒ impedanzarmer Anschluss/Einbeziehen von Betriebsmitteln in den Potentialausgleich, siehe auch DIN EN 50310 (**VDE 0800-2-310**) bei transienten und dauerhaft vorhandenen hochfrequenten Störgrößen DIN EN 62305-*x* (**VDE 0185-305-*x***)	

Tabelle 5.2 (*Fortsetzung*) Grundlagenermittlung zur Planung einer Erdungsanlage nach DIN 18014:2023-06, Tabelle B.1

Bericht-Nr.:	Datum der Planung:		Name des Planers:
	❐ Reduzierung von Potentialunterschieden zwischen Erder, äußeren und inneren Teilen, die mit dem Schutzleiter verbunden sind DIN EN 62305-*x* (**VDE 0185-305-*x***)		
	❐ Potentialausgleichsanlage zur Einbeziehung fremder leitfähiger Teile in Gebäuden und Bauwerken mit Hochspannungsanlagen, nach DIN EN IEC 61936-1 (**VDE 0101-1**) und DIN EN 50522 (**VDE 0101-2**).		
	❐ ____________________		
Kombinierte Potentialausgleichsanlage	Vorhanden ❐ ja ❐ nein, weil a) für die Funktion nach 7.2 und A.2 nicht erforderlich **und** b) der Erder nicht vermascht werden muss (Gebäudeumfang < 80 m) **und** c) eine Bewertung mit dem Auftraggeber bzw. Anschlussnehmer und des Planers der Erdungsanlage erfolgte **und** d) diese Bewertung schriftlich vor der Errichtung der Erdungsanlage dokumentiert wurde.		
Anzahl und Lage von Anschlusspunkten	❐ Haupterdungsschiene für den Schutzpotentialausgleich		
	❐ zusätzliche Potentialausgleichsschienen		
	❐ Ableitungen eines Blitzschutzsystems		
	❐ sonstige Konstruktionsteile aus Metall		
	❐ Anlagen der Informations- und Kommunikationstechnik (sofern nicht in der Nähe des Netz-/Hausanschlusses eingeführt)		
	❐ metallene Rohrleitungen von Versorgungssystemen, die von außen ein Erdpotential in ein Gebäude einführen können		
	❐ Potentialausgleichsleitungen für Klima-, Lüftungs-, Heizungsanlagen		
	❐ Aufzugsanlagen		
	❐ Ladeeinrichtungen für Elektrofahrzeuge; elektrische Energiespeicher		
	❐ stationäre elektrische Maschinen		
	❐ ____________________ ❐ ____________________		

Ort	**Datum**	**Stempel/Unterschrift Elektro-/Blitzschutzfachkraft**	**Stempel/Unterschrift Auftraggeber bzw. Anschlussnehmer**

Tabelle 5.2 (*Fortsetzung*) Grundlagenermittlung zur Planung einer Erdungsanlage nach DIN 18014:2023-06, Tabelle B.1

5.3 Auswahl von Erdungsanlagen

Unterstreicht die Bedeutung der richtigen Auswahl von Erdungsanlagen basierend auf dem spezifischen Anwendungskontext und den Bodenbedingungen.

Die Auswahl einer geeigneten Erdungsanlage ist ein entscheidender Schritt bei der Planung und Errichtung elektrischer Installationen, der eine sorgfältige Abwägung verschiedener Faktoren erfordert. Einer der ersten und wichtigsten Schritte in diesem Prozess ist die Abstimmung mit allen beteiligten Parteien, einschließlich des Anschlussnehmers und/oder des Auftraggebers. Diese Koordination stellt sicher, dass die spezifischen Anforderungen und Erwartungen klar definiert und verstanden werden, sodass die gewählte Erdungsanlage die geforderten Funktionen zuverlässig erfüllen kann.

Ein wesentlicher Aspekt, der bei der Auswahl einer Erdungsanlage berücksichtigt werden muss, ist die Lebensdauer des Gebäudes, in dem sie installiert wird. Die Erdungsanlage muss so konzipiert sein, dass sie über die gesamte Nutzungsdauer des Gebäudes hinweg ihre Funktionen aufrechterhalten kann, ohne dass signifikante Änderungen oder Erneuerungen erforderlich sind. Dies unterstreicht die Notwendigkeit, von Anfang an eine langfristige Perspektive einzunehmen.

Die Komplexität einer Erdungsanlage darf nicht unterschätzt werden. Aufgrund ihrer integralen Rolle im Sicherheitssystem eines Gebäudes können nachträgliche Änderungen an der Erdungsanlage mit erheblichem Zeit- und Investitionsaufwand verbunden sein. Daher ist es entscheidend, die Erdungsanlage sorgfältig zu planen und zu dimensionieren, um zukünftige Anpassungen so weit wie möglich zu vermeiden.

Die Norm DIN 18014:2023-06 spielt eine zentrale Rolle bei der Ausführung der Erdungsanlage und der Auswahl der Materialien. Sie gibt wichtige Richtlinien vor, die sicherstellen, dass die Erdungsanlage den technischen Anforderungen entspricht und eine dauerhafte Funktionalität gewährleistet. Die Lebensdauer der verwendeten Materialien sowie des gesamten Gebäudes sind entscheidende Faktoren, die die langfristige Wirksamkeit und Zuverlässigkeit der Erdungsanlage beeinflussen.

Ein weiterer entscheidender Aspekt bei der Auswahl und Planung einer Erdungsanlage ist die Berücksichtigung der geplanten bautechnischen Ausführung des Fundaments. Gemäß Anhang E der DIN 18014:2023-06 müssen spezifische Richtlinien und Empfehlungen für die Integration der Erdungsanlage in das Fundament eines Gebäudes beachtet werden. Dies beinhaltet eine detaillierte Planung der Verlegung von Erdern im Zusammenhang mit der Fundamentstruktur, um eine optimale elektrische Leitfähigkeit und Sicherheit zu gewährleisten. Die frühzeitige Einbeziehung dieser Aspekte in die Planungsphase ermöglicht es, die Erdungsanlage effizient in die bautechnische Ausführung des Fundaments zu integrieren, was die Effektivität der Erdungsmaßnahmen erhöht und potenzielle zukünftige Probleme vermeidet. Die Beachtung dieser Richtlinien unterstützt nicht nur eine normkonforme Ausführung, sondern trägt auch zur Langlebigkeit und Zuverlässigkeit der Erdungsanlage bei, indem sie sicherstellt, dass diese optimal in die Gebäudestruktur eingebettet ist.

Zusammenfassend ist die Auswahl einer Erdungsanlage ein komplexer Prozess, der eine umfassende Planung und Abstimmung mit allen beteiligten Parteien erfordert. Die Berücksichtigung der Lebensdauer des Gebäudes, die Einhaltung von Normen und die sorgfältige Auswahl der Materialien sind entscheidend für die Sicherstellung einer zuverlässigen und dauerhaften Funktionalität der Erdungsanlage. Durch eine vorausschauende Planung und die Beachtung dieser Schlüsselfaktoren können zukünftige Herausforderungen minimiert und die Sicherheit und Effizienz der elektrischen Installationen gewährleistet werden.

In der **Tabelle 5.3** sind wichtige Aspekte für die Auswahl der Erdungsanlagen zusammenfassend dargestellt.

- Wichtig ist die Abstimmung über Details der Erdungsanlage mit dem Anschlussnehmer bzw. dem Auftraggeber.
- Es muss sichergestellt werden, dass die Funktionen, die von der Erdungsanlage erwartet werden, auch tatsächlich erfüllt werden können. (→ Kapitel 5.1)
- Die voraussichtliche Lebensdauer des Gebäudes muss beachtet werden.
- Die Komplexität einer Erdungsanlage muss Berücksichtigung bei der Auswahl finden, weil nach der fertigen Errichtung Änderungen kaum oder nur mit intensivem Zeit- und Investitionsaufwand umzusetzen sind.
- Die Ausführung der Erdungsanlage und die Auswahl der Produkte, einzelner Teile der Anlage und die entsprechenden Werkstoffe nach DIN 18014:2023-06 und die Lebensdauer der Produkte spiele eine wichtige Rolle für die dauerhafte Funktionalität der Erdungsanlage.
- Ein weiterer wichtiger Aspekt ist die Berücksichtigung der geplanten bautechnischen Ausführung des Fundaments nach Anhang E von DIN 18014:2023-06. → Tabelle 5.4
- Die Gleichwertigkeit von Erdungsanlagen ist außerdem noch zu berücksichtigen. → Tabelle 5.5

Tabelle 5.3 Aspekte für die Auswahl der Erdungsanlagen nach DIN 18014:2023-06, Abschnitt 5

Gemäß Anhang E der DIN 18014:2023-06 müssen spezifische Richtlinien und Empfehlungen für die Integration der Erdungsanlage in das Fundament eines Gebäudes beachtet werden, die aufgrund ihrer Bauweise einen erhöhten Erdübergangswiderstand aufweisen. Die Effektivität eines Erders kann durch verschiedene bauliche Anforderungen und Maßnahmen beeinträchtigt werden, die darauf abzielen, das Fundament gegen Wasser, Feuchtigkeit und andere Umwelteinflüsse zu schützen. Zu den Hauptgründen, die eine solche Schutzmaßnahme erfordern, gehören bauphysikalische und hygienische Anforderungen, die Abdichtung gegen Radon sowie die Einhaltung des Gebäudeenergiegesetzes, das eine Dämmung des Fundamentes für energieeffizient beheizte oder gekühlte Gebäude vorschreibt.

Die Notwendigkeit, Gebäude gegen das Eindringen von Wasser und Feuchtigkeit abzudichten, führt zur Verwendung von wasserundurchlässigem Beton und speziellen Abdichtungen für erdberührte Bauteile. Zusätzlich werden Frischbetonverbundfolien und schlagzähe Kunststoffbahnen eingesetzt, um eine effektive Barriere zu schaffen. Die Isolierung des Fundaments durch Perimeterdämmung an Unterseiten und Seitenwänden sowie die Anwendung kapillarbrechender Schichten unter der Bodenplatte verbessern zwar die Energieeffizienz und schützen vor Radon, erhöhen jedoch den Erdübergangswiderstand.

Diese Bauweisen und Materialien können die notwendige „Erdfühligkeit“ des Erders beeinträchtigen, was bedeutet, dass die Fähigkeit des Erders, effektiv zu erden und elektrische Ströme sicher abzuleiten, reduziert wird. Dieser erhöhte Erdübergangswiderstand erfordert eine sorgfältige Planung und Umsetzung der Erdungsmaßnahmen, um die Sicherheit und Funktionalität elektrischer Anlagen in Gebäuden zu gewährleisten. Anhang E der DIN 18014:2023-06 liefert daher entscheidende Richtlinien für die Berücksichtigung dieser speziellen Herausforderungen bei der Gestaltung von Fundamenten, um eine zuverlässige Erdung auch unter diesen erschwerten Bedingungen sicherzustellen. Eine schnelle Übersicht dieser Inhalte dient die **Tabelle 5.4**.

Die notwendige **Erdfühligkeit des Erders im Fundament** kann durch verschiedene Bauweisen aufgrund unterschiedlicher Anforderungen des Fundamentes nachteilig beeinflusst werden.
Folgende Anforderungen sind möglich:

- Bauliche Anlagen bei Gebäuden sind aus bauphysikalischen und hygienischen Gründen, im Fundament meist gegen Wasser und Feuchtigkeit abzudichten.
- Bei Gebäuden, soweit sie unter Einsatz von Energie beheizt oder gekühlt werden, ist das Gebäudeenergiegesetz maßgebend, eine Dämmung des Fundamentes ist daher möglich.
- Gebäude mit Innenräumen für Wohn- und Arbeitsplätzen sind gegen Eintritt von Radon abgedichtet zu errichten.

Diese Anforderungen führen dazu, dass Feuchtigkeit nicht in das Fundament eindringen kann, und somit erhöht sich der notwendige Erdübergangswiderstand, insbesondere beifolgenden Bauweisen:

- Verwendung von wasserundurchlässigem Betonen,
- Abdichtungen erdberührter Bauteile,
- Verwendung von Frischbetonverbundfolien,
- Verwendung von schlagzähen Kunststoffbahnen,
- Einbau von Wärmedämmung als Perimeterdämmung auf der Unterseite und Seitenwänden der Fundamente,
- zusätzlich eingebrachte, kapillarbrechende, schlecht elektrisch leitende Bodenschichten unter der Bodenplatte

Tabelle 5.4 Zusätzliche Informationen zu Fundamenten mit erhöhtem Erdübergangswiderstand nach Anhang E der DIN 18014:2023-06

Bei der Planung und Auswahl von Erdungsanlagen ist es von entscheidender Bedeutung, eine Reihe von Auswahlkriterien zu berücksichtigen, um die geforderte Funktionalität und Zuverlässigkeit über die Lebensdauer der Anlage sicherzustellen. Diese Kriterien dienen als Richtschnur für Ingenieure und Planer, um eine optimale Performance und Sicherheit der Erdungsanlagen zu gewährleisten.

Eines der primären Kriterien ist der Schutz vor Korrosion, besonders in Bezug auf die Auswahl der Werkstoffe. Korrosion kann die Lebensdauer und Effektivität einer Erdungsanlage erheblich beeinträchtigen. Deshalb ist es wichtig, Materialien zu wählen, die eine hohe Beständigkeit gegenüber korrosiven Umgebungen aufweisen, um eine lang anhaltende Funktionsfähigkeit und Sicherheit zu garantieren.

Die mechanische Festigkeit der Komponenten ist ebenfalls ein kritisches Auswahlkriterium. Erdungsanlagen müssen in der Lage sein, äußeren Einwirkungen oder potenziellen Beschädigungen standzuhalten, ohne dass ihre Funktionalität beeinträchtigt wird. Dies umfasst die Widerstandsfähigkeit gegen physische Einflüsse wie Bodenbewegungen, menschliche Aktivitäten oder schwere Wetterbedingungen.

Ein weiterer wichtiger Aspekt ist die thermische Beanspruchung, die durch Erdkurzschlüsse, betriebsbedingte Ausgleichsströme und Blitzströme verursacht werden kann. Die Erdungsanlage muss so ausgelegt sein, dass sie diese extremen Bedingungen ohne Schädigung oder Leistungseinbußen übersteht. Dies erfordert eine sorgfältige Dimensionierung und Materialauswahl, um eine Überhitzung der Anlage und damit verbundene Risiken zu vermeiden.

Der Gesamterdungswiderstand spielt eine zentrale Rolle für die vorgesehene Nutzung der Erdungsanlage. Er muss spezifisch für die jeweilige Anwendung und die örtlichen Gegebenheiten berechnet werden, um effektiven Schutz bei elektrischen Störungen zu gewährleisten. Ein zu hoher Erdungswiderstand kann die Wirksamkeit der Erdungsmaßnahmen beeinträchtigen und somit die Sicherheit gefährden.

Schließlich ist der kombinierte Potentialausgleich ein wesentliches Kriterium, das sicherstellt, dass im Falle einer elektrischen Störung kein gefährliches Potenzialgefälle innerhalb der Anlage oder zwischen verschiedenen leitfähigen Teilen entsteht. Dieser umfasst nicht nur die Erdungsanlage selbst, sondern auch die Verbindung zu anderen leitfähigen Teilen des Gebäudes oder der Anlage, um eine gleichmäßige Potentialverteilung zu gewährleisten.

Zusammenfassend lässt sich sagen, dass die sorgfältige Berücksichtigung dieser Auswahlkriterien grundlegend für die Planung und Errichtung von Erdungsanlagen ist. Sie tragen wesentlich dazu bei, eine sichere und effiziente Funktion der elektrischen Systeme über die gesamte Nutzungsdauer hinweg zu gewährleisten. In der **Tabelle 5.5** sind diese Anforderungen aus der DIN 18014:2023-06 schlagwortartig zusammengefasst.

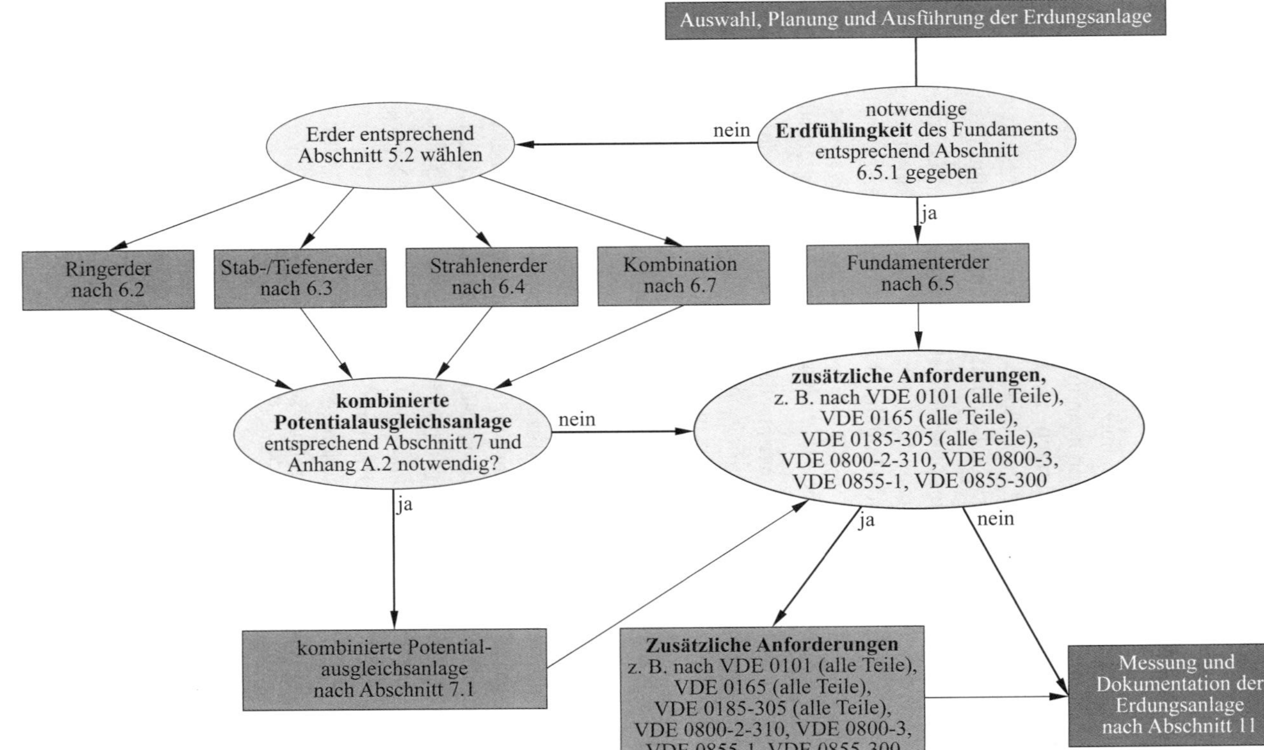

Bild 5.1 Entscheidungshilfe als Flussdiagramm zur Planung, Auswahl und Ausführung/Errichtung der Erdungsanlagen (Quelle: DIN 18014:2023-06, Bild D.1)

Für die **geforderte Funktionalität** sind folgende **Auswahlkriterien für eine Gleichwertigkeit der Erdungsanlagen** zu berücksichtigen:

- Schutz vor Korrosion in Hinblick auf die Auswahl der Werkstoffe,
- mechanische Festigkeit bezogen auf äußere Einwirkungen oder Beschädigungen,
- thermische Beanspruchung hervorgerufen durch Erdkurzschlüsse, betriebsbedingte Ausgleichsströme und Blitzströme,
- Gesamterdungswiderstand bezogen auf die vorgesehene Nutzung der Erdungsanlage,
- kombinierter Potentialausgleich

Tabelle 5.5 Auswahlkriterien für eine Gleichwertigkeit von Erdungsanlagen nach DIN 18014:2023-06

Eine weitere hilfreiche Entscheidungsgrundlage als Flussdiagramm ist in der DIN 18014:2023-06, als Anhang D enthalten (**Bild 5.1**).

5.4 Arten von Erdern und ihre Ausführungen

Gibt einen Überblick über die verschiedenen Erderarten und deren spezifische Einsatzgebiete sowie Installationsverfahren.

In der Elektrotechnik ist die Erdung von entscheidender Bedeutung für die Sicherheit und Funktionalität elektrischer Anlagen. Die DIN 18014:2023-06 legt spezifische Anforderungen an die Ausführungen von Erdern fest, um eine effektive und sichere Erdung zu gewährleisten. Es gibt verschiedene Arten von Erdern, darunter Ringerder, Stab-/Tiefenerder, Strahlenerder, Fundamenterder sowie Kombinationen dieser Erder. Diese Erderarten können, unter Einhaltung der Kriterien nach Kapitel 5.3 dieses Buchs, als gleichwertig angesehen werden.

Interessant ist, dass einzelne Erder teilweise durch geeignete erdfühlige Konstruktionsteile aus Metall des jeweiligen Gebäudes ersetzt werden können, wie beispielsweise Gründungspfähle. Es ist jedoch wichtig, dass die Kriterien für Funktionalität und Sicherheit, wie in Kapitel 5.3 des Buchs beschrieben, vollständig erfüllt bleiben.

Die Norm unterstreicht die Bedeutung einer frostfreien Errichtung der Erder, mit einer Mindestverlegetiefe von 50 bis 100 cm, je nach geografischer Lage des Gebäudes. Diese Tiefe trägt dazu bei, die jahreszeitlichen Schwankungen des Erdausbreitungswiderstands zu minimieren. Der spezifische Erdwiderstand darf dabei einen Wert von 1 000 Ωm nicht überschreiten, um eine ausreichende Erdfühligkeit zu gewährleisten. Sollte dieser Wert nicht erreichbar sein, sind zusätzliche Maßnahmen erforderlich, wie der Einsatz von Erdverbesserungsmaterialien gemäß DIN EN IEC 62561-7 (**VDE 0185-56-7**).

Darüber hinaus ist es erforderlich, dass der Erder über einen Erdungsleiter mit der Haupterdungsschiene verbunden wird. Bei Verwendung einer kombinierten Potentialausgleichsanlage muss diese ebenso mit dem Erder verbunden werden.

Tabelle 5.6 zeigt allgemeine *Anforderungen* an die Ausführung von *Erdungsanlagen* nach DIN 18014:2023-06, Abschnitt 6.

• Die direkt im Erdreich verlegten Erder, wie Ringerder, Stab-/Tiefenerder, Strahlenerder und Fundamenterder sind im frostfreien Bereich erdfühlig zu errichten. • frostfrei bedeutet: eine Mindestverlegetiefe von 50 cm bis 100 cm, abhängig von der jeweiligen geografischen Lage des Objekts, • Erdfühligkeit bedeutet: ein ausreichender elektrischer Kontakt des Erders mit dem Untergrund, wobei der spezifische Erdwiderstand von 1 000 Ωm nicht überschritten werden darf, (typische Werte des spezifischen Erdwiderstands sind im Anhang F der DIN 18014:2023-06 zu finden) • Werden Erder in Untergründen errichtet, die einen spezifischen Erdwiderstand von über 1 000 Ωm aufweisen, sind zusätzliche Maßnahmen notwendig, z. B. Erdverbesserungsmaterialien nach DIN EN IEC 62561-7 (**VDE 0185-561-7**). Durch diese Materialien lassen sich der spezifische Erdwiderstand verbessern bzw. der Ausbreitungswiderstand reduzieren. • Der Erder ist über einen Erdungsleiter mit der Haupterdungsschiene zu verbinden. • Ist eine kombinierte Potentialausgleichsanlage vorhanden, so muss diese ebenfalls mit dem Erder verbunden werden.

Tabelle 5.6 Allgemeine Anforderungen an Erdungsanlagen nach DIN 18014:2023-06, Abschnitt 6

Hinweis: Zusätzlich bietet der Anhang G der Norm eine Tabelle mit verschiedenen Gebäudegrundflächen und spezifischen Widerständen, die zur Ausführung der Erder herangezogen werden können, um einen Ausbreitungswiderstand von ≤ 100 Ω annäherungsweise zu bestimmen. Die Ausbreitungswiderstände verschiedener Erder sind in den nachfolgenden **Tabelle 5.7**, **Tabelle 5.8** und **Tabelle 5.9** enthalten.

Spezifischer Bodenwiderstand ρ_E Ωm	**Abmessungen eines Fundaments Länge × Breite A in m^2**				
	5 × 5	5 × 10	10 × 10	10 × 20	20 × 20
	Ausbreitungswiderstand der Erdungsanlage in Ω				
1 000	88	63	44	31	22
2 000	277	125	89	63	44
5 000	442	313	220	156	111
10 000	885	626	442	313	221

Tabelle 5.7 Typische Werte für Ausbreitungswiderstände von verschiedenen Gebäudegrundflächen bei unterschiedlichen spezifischen Bodenwiderständen für Ringerder und Fundamenterder

Spezifischer Bodenwiderstand ρ_E Ωm	Abmessungen eines Fundaments Länge × Breite A in m²				
	≤ 200	200 < A < 400	500	800	1 000
	Mindestanzahl von Stab-/Tiefenerdern je 5 m Länge				
	2	4	5	8	10
	Ausbreitungswiderstand der Erdungsanlage [a)] in Ω				
1 000	125/100 [b)]	68	56	37	30
2 000	251	137	112	74	60
5 000	628	341	280	185	151
10 000	1256	683	560	369	302

[a)] Geringe gegenseitige Beeinflussung der parallel geschalteten Einzelerder bei ausreichendem Abstand.
[b)] Siehe DIN 18014:2023-06, Abschnitt 6.3: Stab-/Tiefenerder haben den Vorteil, dass sie in größeren Tiefen in Erdschichten liegen, deren spezifischer Widerstand im Allgemeinen geringer ist als in oberflächennahen Bereichen. Deshalb ist im Allgemeinen ein Ausbreitungswiderstand ≤ 100 Ω zu erwarten

Tabelle 5.8 Typische Werte für Ausbreitungswiderstände von verschiedenen Gebäudegrundflächen bei unterschiedlichen spezifischen Bodenwiderständen für Stab-/Tiefenerder

Spezifischer Bodenwiderstand ρ_E Ωm	Abmessungen eines Fundaments A in m²				
	≤ 200	200 < A < 400	500	800	1 000
	Mindestanzahl von Strahlenerdern je 10 m Länge				
	2	4	5	8	10
	Ausbreitungswiderstand der Erdungsanlage in Ω				
1 000	132	72	58	39	32
2 000	264	143	117	77	63
5 000	660	358	293	193	158
10 000	1 320	715	586	385	315

Tabelle 5.9 Typische Werte für Ausbreitungswiderstände von verschiedenen Gebäudegrundflächen bei unterschiedlichen spezifischen Bodenwiderständen für Strahlenerder

5.4.1 Ringerder

Beschreibt die Verwendung und Verlegung von Ringerdern als eine effektive Methode zur Schaffung einer gleichmäßigen Erdungsverteilung.

Der Ringerder besteht aus einem metallischen Leiter, der horizontal in einem bestimmten Abstand unterhalb der Erdoberfläche verlegt wird und in der Regel das zu erdende Objekt ringförmig umschließt. Er wird hauptsächlich eingesetzt, um eine gleichmäßige Potentialverteilung zu gewährleisten und den Ausbreitungswiderstand zu minimieren. Ringerder werden oft bei Gebäuden, Transformatorstationen oder anderen Einrichtungen verwendet, bei denen eine zuverlässige Erdung wichtig ist. Die Materialauswahl (z. B. verzinkter Stahl oder Kupfer) sowie die Verlegetiefe und der Durchmesser des Ringers sind abhängig von den spezifischen Bodenverhältnissen und den erwarteten elektrischen Lasten.

Tabelle 5.10 zeigt die *Anforderungen und Merkmale an Ringerder* aus der DIN 18014:2023-06.

Anforderungen:
• Der Ringerder ist als geschlossener Ring außerhalb und z. B. umlaufend des Gebäudes und unterhalb des Betonfundamentes zu errichten, damit Erdfühligkeit möglich ist.
• Wichtig ist, dass die Maschenweite von ≤ 20 m × 20 m nicht überschritten wird.
• Bei größeren Fundamenten ist der Ringerder durch erdfühlige Querverbindungen unterhalb des Fundaments zu vermaschen.
• Sind bei Gebäuden nach DIN EN 62305-3 (**VDE 0185-305-3**) äußere Blitzschutzsysteme notwendig, können sich zusätzliche Anforderungen an die Maschenweite ergeben, außerdem muss je Ableitung der Blitzschutzanlage eine Verbindung zum Ringerder errichtet werden.
• Darstellungen von Ringerdern sind im **Bild 5.2** enthalten.
Merkmale:
• auch auf felsigem Untergrund nahe der Oberfläche installierbar,
• einfache Errichtung von Anschlusspunkten,
• Standardwerkzeuge ausreichend,
• jahreszeitliche Schwankungen in Erdungseffizienz,
• effektive Potentialregulierung bei Blitzschutz und hohen Fehlerströmen

Tabelle 5.10 Anforderungen und Merkmale an Ringerder gemäß DIN 18014:2023-06

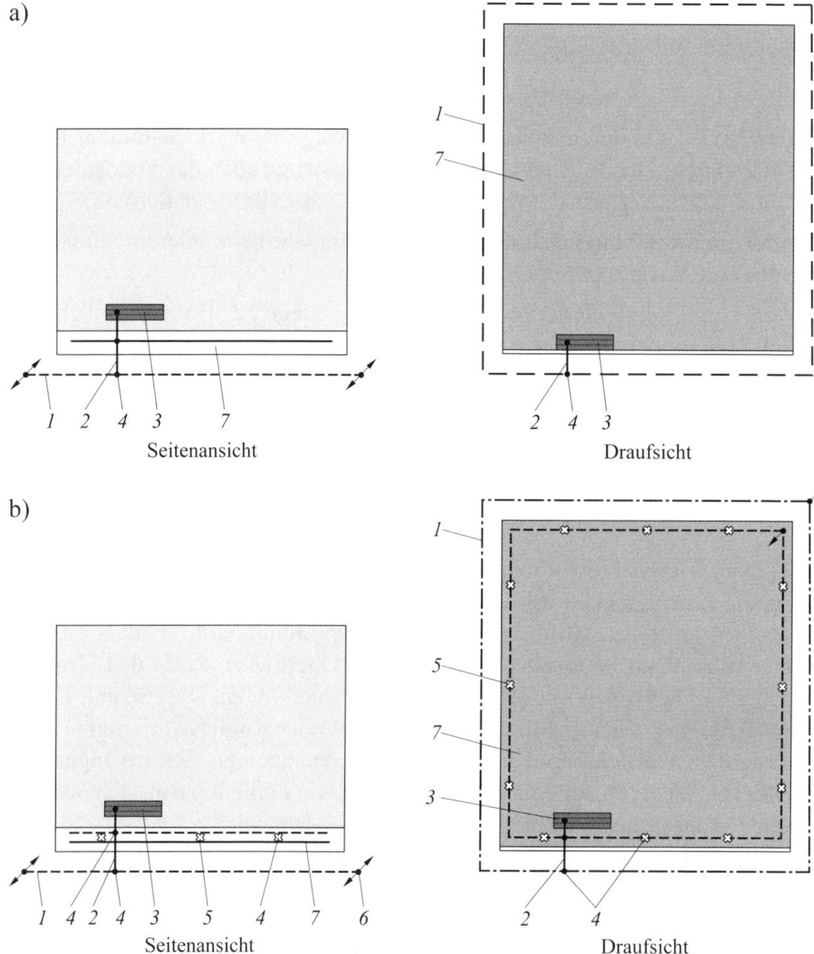

Bild 5.2 Ringerder bei einem Fundament mit erhöhtem Erdübergangswiderstand –
a) Ringerder ohne kombinierte Potentialausgleichsanlage,
b) Ringerder mit kombinierter Potentialausgleichsanlage nach DIN 18014:2023-06
1 Ringerder,
2 Erdungsleiter,
3 Haupterdungsschiene (HES),
4 elektrisch leitende Verbindung nach Abschnitt 9 der Norm,
5 kombinierte Potentialausgleichsanlage,
6 Anschlusspunkt (Anschlussfahne) – wenn gefordert,
7 Bewehrung
(DIN 18014:2023-06, Bild 1)

Hinweis: Zu Ringerdern sind weitere Skizzen und Montagebeispiele in der Norm enthalten, und zwar:

- räumliche Anordnung des Ringerders und kombinierter Potentialausgleichsanlage,
- Ringerder und kombinierte Potentialausgleichsanlage bei Wärmedämmung (Perimeterdämmung) auf der Unterseite oder den Seitenwänden der Fundamente – a) nicht druckwasserfeste Ausführung, b) druckwasserfeste Ausführung,
- Ringerder und kombinierten Potentialausgleichsanlage bei wasserdurchlässigem Beton (weiße Wanne) in bewehrtem Fundament,
- Ringerder und kombinierte Potentialausgleichsanlage bei Bitumenabdichtung (schwarze Wanne) in bewehrtem Fundament.

5.4.2 Stab-/Tiefenerder

Erläutert, wie Stab- oder Tiefenerder tief in den Boden eingebracht werden, um eine zuverlässige Erdung zu gewährleisten.

Staberder oder Tiefenerder bestehen aus langen Metallstäben oder -rohren, die vertikal in die Erde getrieben werden, um eine elektrische Verbindung mit tieferen Erdschichten herzustellen (**Bild 5.3**). Diese Art der Erdung ist besonders effektiv in Gebieten mit hohem Erdungswiderstand an der Oberfläche, da sie den Strom in tiefere, feuchtere Schichten mit geringerem Widerstand leiten. Die Anzahl, Länge und das Material der Stäbe (häufig verzinkter Stahl oder Kupfer) variieren je nach den Anforderungen an den Erdungswiderstand und den geologischen Bedingungen. Tiefenerder sind ideal für isoliert stehende Anlagen wie Freileitungsmasten oder für zusätzliche Erdungspunkte in bestehenden Erdungssystemen.

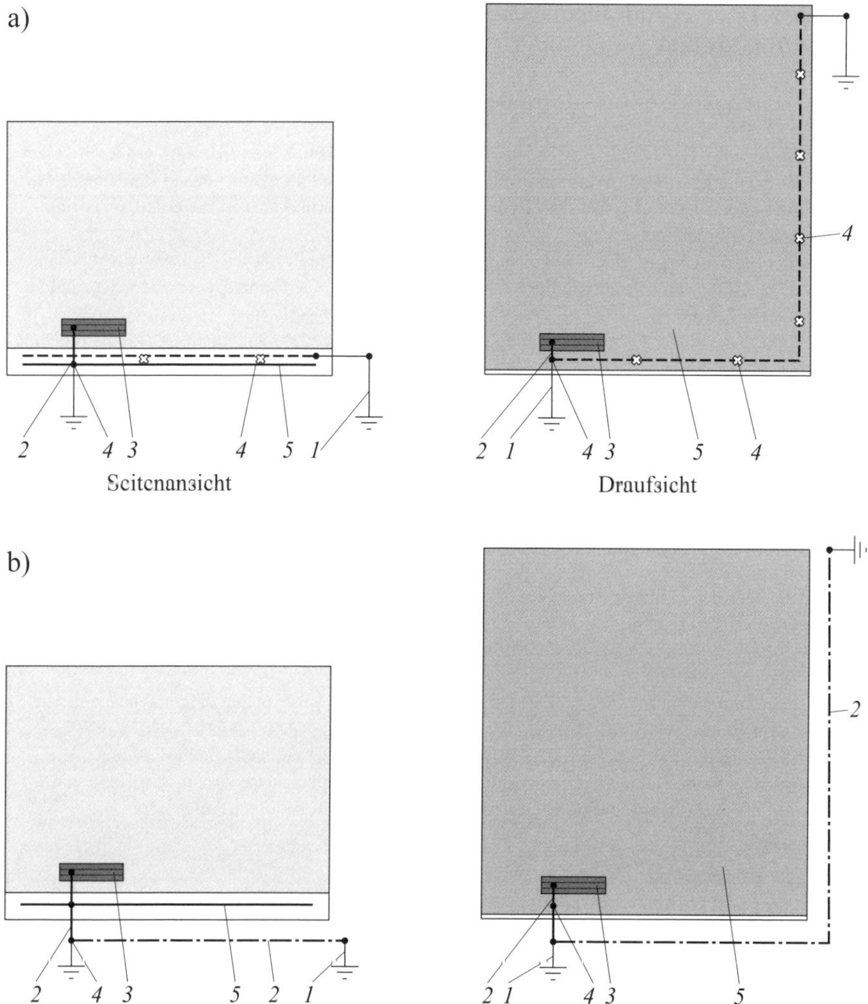

Bild 5.3 Stab-/Tiefenerder ohne kombinierte Potentialausgleichsanlage bei einem Fundament mit erhöhtem Erdübergangswiderstand und einer Gebäudegrundfläche ≤ 200 m²

1 Stab-/Tiefenerder,

2 Erdungsleiter,

3 Haupterdungsschiene (HES),

4 elektrisch leitende Verbindung nach Abschnitt 9 der Norm,

5 Bewehrung

(DIN 18014:2023-06, Bild 6)

Tabelle 5.11 zeigt Anforderungen und Merkmale an Stab-/Tiefenerder aus der DIN 18014:2023-06.

Anforderungen:

- Vorteil der Stab-/Tiefenerder: Die Erdschichten, die sie umgeben, liegen i. d. R. in größeren Tiefen und dort ist der spezifische Widerstand meistens geringer als in oberflächennahen Bereichen.
- Prüfen vor der Ausführung: Vor der Montage sollte der Untergrund überprüft werden, ob er für diese Art von Erdern geeignet ist.
- Kann der spezifische Erdwiderstand nicht oder nur schwer ermittelt werden (häufig in dicht bebauten Gebieten), ist für eine Ermittlung der Mindestlänge des Erders ein spezifischer Erdwiderstand von 1 000 Ωm anzunehmen.
- Die Mindestanzahl der Erder ist abhängig von der Grundfläche des Fundaments. Dazu die folgende Tabelle:

Grundfläche des Fundaments *A* in m²	***n* Mindestanzahl der Erder mit Länge von mindestens 5 m**
$A \leq 200$	2
$200 < A \leq 400$	4
$A > 400$	4+1 je 100 m²

- Wird die geforderte Länge von mindestens 5 m wegen der örtlichen Bodenverhältnisse nicht erreicht, so kann ein Erder von 5 m von zwei Erdern von jeweils 3 m Länge ersetzt werden.
- Der Abstand zwischen einzelnen Erdern sollte untereinander mindestens so groß sein, wie die Eintreibtiefe des Erders lang ist.
- Die Erder sind möglichst außerhalb des Fundaments, vorzugsweise an den diagonal gegenüberliegenden Fundamentecken zu errichten.
- Jeder Stab-/Tiefenerder muss mit der Haupterdungsschiene wirksam verbunden werden.
- Sind mehrere Stab-/Tiefenerder vorhanden, so können sie gruppenweise zusammengefasst und dann mit einem Erdungsleiter an die Haupterdungsschiene angeschlossen werden.

Merkmale:

- minimaler Platzbedarf,
- meist niedriger Erdarbeitsaufwand,
- für Neu- und Nachrüstung geeignet,
- Einschränkungen auf felsigem Boden möglich,
- vor Installation Versorgungsleitungen/Kampfmittel prüfen,
- hohe Resistenz gegen externe Einflüsse/Beschädigungen,
- gleichbleibende Erdungseffizienz ganzjährig

Tabelle 5.11 Anforderungen und Merkmale an Stab-/Tiefenerder aus der DIN 18014:2023-06

Hinweis: Zu Stab-/Tiefenerdern ist eine weitere Skizze in der Norm enthalten, und zwar:

- Gleichmäßige Anordnung von Stab-/Tiefenerder bei Grundflächen des Fundaments ab > 200 m².

5.4.3 Strahlenerder

Bietet Details zur Anwendung und Verlegung von Strahlenerdern für eine optimierte Erdungsleistung.

Strahlenerder bestehen aus mehreren radial vom zu erdenden Punkt wegführenden Leitern, die in der Erde verlegt werden (**Bild 5.4**). Sie werden verwendet, um die Erdungsimpedanz zu reduzieren und eine effiziente Verteilung des Erdungsstroms zu gewährleisten. Strahlenerder eignen sich besonders für Anlagen mit hohen Anforderungen an die elektrische Sicherheit, wie z. B. Umspannwerke oder große industrielle Komplexe. Die Länge und Anzahl der Strahlen sowie das verwendete Material hängen von den spezifischen Anforderungen des Projekts und den Bodenbedingungen ab.

Strahlenerder mit 60°-Winkel

Vierstrahlerder

Bild 5.4 Strahlenerder

Tabelle 5.12 zeigt Anforderungen und Merkmale an Strahlenerder aus der DIN 18014:2023-06.

Anforderungen:

- Mindestanzahl

Grundfläche des Fundaments *A* in m²	***n* Mindestanzahl der Erder mit Länge von mindestens 10 m**
$A \leq 200$	2
$200 < A \leq 400$	4
$A > 400$	4+1 je 100 m²

- idealerweise an äußeren, diagonalen Fundamentecken positionieren,
- weitere Erder gleichverteilt entlang Fundament-Außenwände anordnen,
- jeden Erder mittels Erdungsleitungen an Haupterdungsschiene anschließen,
- Gruppierung mehrerer Erder möglich, mit einem Leiter zur Haupterdungsschiene verbinden

Merkmale:

- nahe der Oberfläche auch auf felsigem Grund installierbar,
- geeignet bei vielen Leitungen/Altlasten, besonders Kampfmittel,
- einfache Errichtung von Anschlusspunkten,
- Verlegung ohne Spezialwerkzeuge möglich,
- jahreszeitliche Schwankungen in Erdungseffizienz,
- praktische Installation entlang Gebäudekanten, nutzt existierende Gräben/Schächte

Tabelle 5.12 Anforderungen und Merkmale an Strahlenerder aus der DIN 18014:2023-06

5.4.4 Fundamenterder

Zeigt die Integration von Erdungsmaßnahmen in das Fundament eines Gebäudes, um eine dauerhafte und effektive Erdung zu schaffen.

Fundamenterder werden direkt in die Fundamente von Neubauten integriert und nutzen die große Oberfläche des Fundaments zur Erdung (**Bild 5.5**). Diese Methode gewährleistet eine dauerhafte und zuverlässige Erdung über die gesamte Lebensdauer des Gebäudes. Fundamenterder bestehen in der Regel aus verzinktem Stahl oder Edelstahl und werden oft in Form von Matten oder Netzen in das Fundament eingearbeitet. Sie sind besonders wirksam in Kombination mit anderen Erdungsmaßnahmen und bieten eine solide Basis für das gesamte Erdungssystem eines Gebäudes.

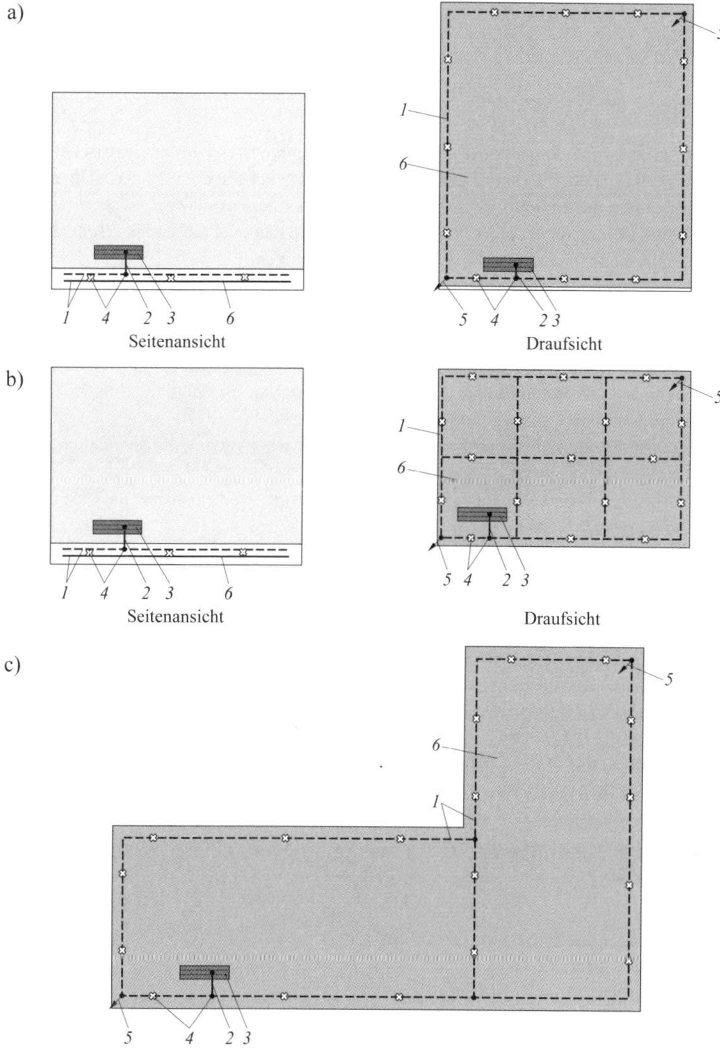

Bild 5.5 Anordnung des Fundamenterders –

a) Fundamenterder ohne Vermaschung (Fundament ≤ 20 m × 20 m),
b) Fundamenterder mit gleichmäßiger Vermaschung (Fundament > 20 m × 20 m),
c) Fundamenterder mit angepasster Vermaschung (Fundament > 20 m × 20 m)

1 Fundamenterder,
2 Erdungsleiter,
3 Haupterdungsschiene (HES),
4 elektrisch leitende Verbindung nach Abschnitt 9 der Norm,
5 Anschlusspunkt (Anschlussfahne) – wenn gefordert,
6 Bewehrung

(DIN 18014:2023-06, Bild 9)

Tabelle 5.13 zeigt Anforderungen und Merkmale an Fundamenterder aus der DIN 18014:2023-06.

Anforderungen:

- Erdfühligkeit nicht gegeben: Fundamenterder ist nur möglich, wenn ausreichender elektrischer Kontakt zur Erde besteht. Die notwendige Erdfühligkeit ist **nicht** gegeben, wenn Materialien und Bauteile verwendet werden, die die elektrische Leitfähigkeit beeinträchtigen, wie:
  - wasserundurchlässige Betonbauteile nach WU-Richtlinie oder Bitumenabdichtungen (schwarze Wanne), z. B. mit Bitumenbahnen oder Bitumendickbeschichtungen,
  - schlagfeste Kunststoffbahnen, z. B. Noppenbahnen, und Wärmedämmung (Perimeterdämmung) an der Unterseite oder den Seitenwänden der Fundamente,
  - zusätzlich eingebrachte, kapillarbrechende, schlecht elektrisch leitende Bodenschichten,
  - → Tabelle 5.4 dieses Buchs;
- Betonqualität: Verwendung von Beton bis zur Güte C20/25 ist möglich. Bei Betonqualität XCO ausschließlich korrosionsbeständiges Erdmaterial nutzen.
- Ringförmige Anordnung: Ein geschlossener Ring sollte innerhalb des Fundaments gebildet werden, um eine umfassende Erdung zu sichern.
- Maschenweite: Die Maschenweite sollte max. 20 m × 20 m betragen, um eine effiziente Verteilung und Erdungswirkung zu gewährleisten.
- Aufteilung bei großen Grundflächen: Bei Gebäudegrundflächen über 20 m × 20 m sind die Maschen der Gebäudeform anzupassen und gleichmäßig aufzuteilen.
- Verbindung mit der Bewehrung: Die Verbindung mit der Bewehrung, bevorzugt mit der unteren Lage, sollte in max. 2 m Abständen erfolgen, um eine dauerhafte elektrische Leitfähigkeit zu garantieren.
- Korrosionsschutz: Umfassenden Schutz sicherstellen durch:
  - mindestens 5 cm Betonüberdeckung allseitig,
  - den Einsatz korrosionsbeständiger Materialien,
  - die Einhaltung der DIN EN 1992-1-1.
- Bandmaterial: Dieses ist in unbewehrten Fundamenten vorzugsweise hochkant zu verlegen. In bewehrten Fundamenten kann bei maschineller Verdichtung auch eine flache Verlegung angewendet werden.
- Überbrückung von Bewegungsfugen: Diese nicht starr über Bewegungsfugen legen, sondern flexible Überbrückungsbänder verwenden, um Anpassungen an Bewegungen zu ermöglichen und die Integrität der Erdung zu bewahren.

Merkmale:

- übernimmt Erdung/Potentialausgleich, wenn erdfühlig,
- kein Bedarf für zusätzliche Erdarbeiten,
- Schutz vor externen Einflüssen und Korrosion,
- Erfordert Vorab-Prüfung der Erdfühligkeit, bei Neubauten evtl. eingeschränkt durch Dämmung/Abdichtung,
- Eignungsbeurteilung basiert auf technischen Betondaten

Tabelle 5.13 Anforderungen und Merkmale an Fundamenterder aus der DIN 18014:2023-06

5.4.4.1 Fundamenterder bei unbewehrten Fundamenten

Behandelt die besonderen Überlegungen und Techniken für die Installation von Erdern in unbewehrten Fundamenten.

Die Anordnung des Fundamenterders im unbewehrten Fundament erfolgt nach **Bild 5.6**. Zur Lagefixierung vor und während des Betonierens z. B. durch Abstandhalter.

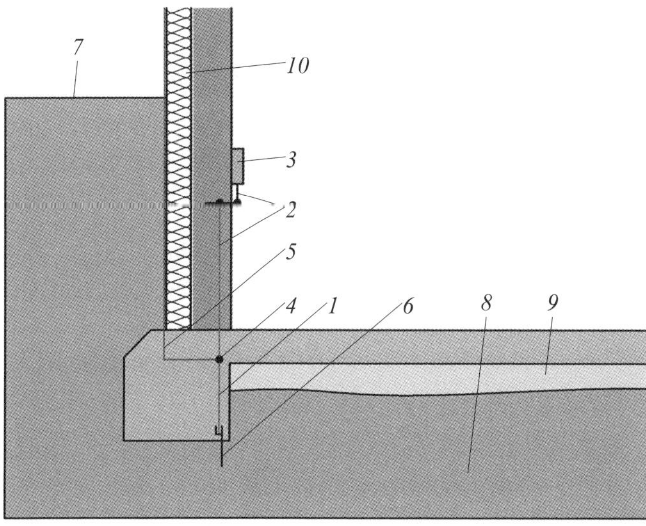

Bild 5.6 Fundamenterder in unbewehrtem Fundament

1 Fundamenterder,
2 Erdungsleiter,
3 Haupterdungsschiene (HES),
4 elektrisch leitende Verbindung nach Abschnitt 9 der Norm,
5 Anschlusspunkt (Anschlussfahne) – wenn gefordert,
6 Abstandhalter,
7 Bodenoberkante,
8 Erdreich,
9 Sauberkeitsschicht,
10 Perimeter-/Sockeldämmung
(DIN 18014:2023-06, Bild 10)

5.4.4.2 Fundamenterder bei Faserbeton

Diskutiert die Anforderungen und Methoden zur Implementierung von Erdungsanlagen in Faserbetonstrukturen.

Es ist eine ausreichende allseitige Umhüllung mit Beton sicherzustellen. Die Anforderungen nach Kapitel 5.4.4 „Fundamenterder" (dort Tabelle 5.13) sind einzuhalten.

5.4.4.3 Erdungsanlage bei Fundament mit CFK-Bewehrung

Beleuchtet die Herausforderungen und Lösungen für die Erdung bei Verwendung von kohlenstofffaserverstärkten Kunststoffen (CFK) in Fundamenten.

Der Einsatz von Carbonbeton, insbesondere in der Bauindustrie, stellt eine innovative Entwicklung dar, die die traditionellen Methoden der Gebäudekonstruktion erheblich verbessern kann. Carbonbeton, verstärkt mit Carbonfaser-Kunststoff (CFK)-Bewehrungen, bietet eine höhere Festigkeit und Langlebigkeit im Vergleich zu herkömmlichen Baustoffen wie Stahlbeton. Allerdings bringt diese Technologie auch spezifische Herausforderungen mit sich, insbesondere in Bezug auf die elektrische Leitfähigkeit der CFK-Bewehrungen.

Um die Integrität und Sicherheit von Bauwerken mit CFK-Bewehrung zu gewährleisten, ist es entscheidend, dass nur sehr geringe Ströme in die CFK-Armierungen gelangen. Dies ist von Bedeutung, da CFK-Materialien eine gewisse elektrische Leitfähigkeit aufweisen können, die, wenn nicht korrekt gehandhabt, zu Korrosion oder anderen Schäden an der Bewehrung führen kann. Um dieses Risiko zu minimieren, ist eine sorgfältige Planung und Implementierung von Erdungsmaßnahmen erforderlich.

Zu den empfohlenen Praktiken gehört die Errichtung von Stab- und Tiefenerdern, Ringerder oder Strahlenerder. Diese Erdungsmaßnahmen sind entscheidend, um potenzielle elektrische Ströme sicher in die Erde abzuleiten, ohne die CFK-Bewehrung zu beeinträchtigen. Indem man sicherstellt, dass diese Erdungselemente korrekt installiert und mit der Struktur verbunden sind, kann man das Risiko einer elektrischen Schädigung der CFK-Armierungen erheblich reduzieren.

Ein weiterer wichtiger Aspekt ist die Vermeidung einer direkten elektrischen Verbindung zwischen der CFK-Bewehrung und einer möglicherweise notwendigen Potentialausgleichsanlage. Der Potentialausgleich ist eine Schutzmaßnahme, die darauf abzielt, Spannungsunterschiede innerhalb einer elektrischen Anlage auszugleichen, um die Sicherheit zu erhöhen. Eine direkte Verbindung zwischen der CFK-Bewehrung und dem Potentialausgleich könnte jedoch unerwünschte Ströme durch die Bewehrung leiten, was die strukturelle Integrität des Bauwerks beeinträchtigen könnte. Daher ist es entscheidend, solche Verbindungen zu vermeiden und alternative Methoden zur Gewährleistung eines effektiven Potentialausgleichs zu implementieren, ohne die CFK-Bewehrung zu beeinflussen.

Zusammenfassend lässt sich sagen, dass der Einsatz von CFK-Bewehrungen in Carbonbetonkonstruktionen eine vielversprechende Technologie darstellt, die jedoch eine sorgfältige Beachtung spezifischer technischer Herausforderungen erfordert. Durch die Implementierung geeigneter Erdungsmaßnahmen und die Vermeidung direkter elektrischer Verbindungen mit der CFK-Bewehrung können Planer und Elektrofachkräfte die Vorteile von Carbonbeton nutzen, während sie gleichzeitig die Sicherheit und Langlebigkeit der Bauwerke sicherstellen.

Kurz zusammengefasst:

- es sollten nur sehr geringe Ströme in CFK-Armierungen gelangen,
- Stab-/Tiefenerder, Strahlenerder oder Ringerder errichten,
- elektrische Verbindung zwischen CFK-Bewehrung und evtl. notwendiger kombinierter Potentialausgleichsanlage vermeiden.

5.4.5 Kombinierter Erder

Erörtert die Vorteile und Implementierungsstrategien für die Kombination verschiedener Erderarten zur Optimierung der Erdungsleistung.

Abhängig von den baulichen Gegebenheiten, bzw. der vorherrschenden Bodenart, kann die Errichtung einer bestimmten Erderart für die notwendige Erdfühligkeit nicht ausreichend sein. In diesen Fällen können Ringerder, Stab-/Tiefenerder, Strahlenerder und Ringerder miteinander nach DIN 18014:2023-06 kombiniert werden.

Die Auswahl des geeigneten Erdungstyps ist von größter Wichtigkeit und hängt stark von den baulichen Gegebenheiten und den Eigenschaften des Bodens ab. In bestimmten Situationen kann es vorkommen, dass eine einzelne Erderart nicht ausreicht, um die notwendige Erdfühligkeit oder den Erdungswiderstand zu erreichen. Dies ist insbesondere der Fall bei komplexen geologischen Verhältnissen oder bei spezifischen Anforderungen der elektrischen Anlagen.

In solchen Fällen bietet die Kombination verschiedener Erderarten eine wirksame Lösung. Durch das Zusammenführen von Ringerdern, Stab-/Tiefenerdern und Strahlenerdern kann ein umfassendes Erdungssystem geschaffen werden, das die Effektivität der Erdung erheblich verbessert. Diese kombinierten Erdungssysteme sind darauf ausgelegt, die Vorzüge jeder einzelnen Erderart zu nutzen und gleichzeitig deren Einschränkungen zu überwinden:

- **Ringerder** werden typischerweise um ein zu schützendes Gebäude oder eine Anlage herum verlegt und bieten eine gleichmäßige Verteilung des Erdungswiderstands. Sie sind besonders effektiv in Gebieten mit homogener Bodenbeschaffenheit.
- **Stab- und Tiefenerder** werden vertikal in den Boden getrieben und eignen sich besonders gut, um tiefer liegende Schichten mit besserer Leitfähigkeit zu erreichen. Sie sind eine hervorragende Wahl in Gebieten, in denen die oberen Bodenschichten eine schlechte Leitfähigkeit aufweisen.
- **Strahlenerder** bestehen aus mehreren Leitern, die radial von einem zentralen Punkt aus verlegt werden. Sie sind besonders nützlich, um eine große Oberfläche abzudecken und so den Erdungswiderstand zu verteilen.

Die Kombination dieser Erderarten ermöglicht eine flexible Anpassung an die spezifischen Anforderungen und Gegebenheiten vor Ort. Beispielsweise kann in einem Gebiet mit einer Schicht aus Felsen oder sehr trockenem Boden die Kombination aus Tiefenerdern, die in feuchtere Schichten vordringen, und einem Ringerder, der eine breite Oberfläche abdeckt, die Lösung sein. Solche kombinierten Systeme stellen sicher, dass die notwendige Erdfühligkeit erreicht wird, unabhängig von den Herausforderungen, die der Standort mit sich bringt.

Bild 5.7 zeigt eine Skizze zu einer Kombination von verschiedenen Erdern.

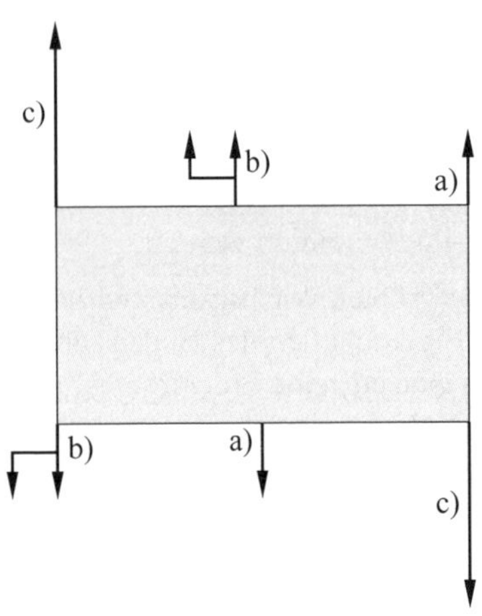

Bild 5.7 Kombination von Erdern –
a) Stab-/Tiefenerder ≥ 5 m,
b) 2× Stab-/Tiefenerder ≥ 3 m,
c) Horizontalerder ≥ 10 m
(DIN 18014:2023-06, Bild 11)

5.4.6 Besondere Ausführungen von Erdern

Stellt spezielle Erdungslösungen für ungewöhnliche oder herausfordernde Baukonstruktionen und Standorte vor.

5.4.6.1 Erdungsanlagen bei Einzelfundamenten

Behandelt die spezifischen Anforderungen für die Erdung bei isolierten Fundamenten.

Bei der Errichtung von Erdungsanlagen bei Einzelfundamenten (**Bild 5.8**) stößt der Fachmann häufig auf spezifische Herausforderungen, die eine sorgfältige Planung und Ausführung erfordern.

Ein typisches Problem bei Einzelfundamenten ist, dass die notwendige Erdfühligkeit oftmals nicht gegeben ist. Dies liegt unter anderem am Einsatz von wasserundurchlässigem Beton (WU-Beton), der aufgrund seiner geringen Porosität und hohen Dichtigkeit die elektrische Leitfähigkeit zum umgebenden Erdreich einschränkt. Da eine effektive Erdung jedoch wichtig für die Sicherheit ist, müssen alternative Lösungen gefunden werden, um eine zuverlässige elektrische Verbindung zur Erde herzustellen.

Eine bewährte Methode besteht darin, die Bewehrung jedes Einzelfundaments sowie Stahlstützen oder sonstige berührbare Metallteile auf möglichst kurzen Wegen an die Erdungsanlage anzuschließen. Dies stellt sicher, dass im Falle eines elektrischen Fehlers der Strom sicher zur Erde abgeleitet wird, indem er über die Bewehrung und die anschließenden Verbindungsleitungen fließt. Um die Effizienz und Langlebigkeit dieser Verbindungen zu gewährleisten, ist die Korrosionsbeständigkeit der verwendeten Materialien von entscheidender Bedeutung. Korrosion kann die elektrische Leitfähigkeit beeinträchtigen und damit die Sicherheit des gesamten Erdungssystems gefährden. Es ist daher wichtig, Materialien zu wählen, die sowohl eine gute elektrische Leitfähigkeit als auch eine hohe Widerstandsfähigkeit gegenüber Umwelteinflüssen aufweisen.

In manchen Fällen kann es vorkommen, dass selbst mit einer sorgfältigen Anbindung der Bewehrungen die notwendige Erdfühligkeit nicht erreicht wird. In solchen Situationen kann als Alternative zum klassischen Fundamenterder eine andere Erderart in Betracht gezogen werden.

Kurz zusammengefasst:

- in der Regel ist notwendige Erdfühligkeit z. B. durch Einsatz von WU-Beton nicht gegeben,
- Bewehrung jedes Einzelfundaments: Stahlstützen oder sonstige berührbare Bewehrungen auf möglichst kurzen Wegen an die Erdungsanlage anschließen,
- Korrosionsbeständigkeit der Verbindungsleitungen wichtig, deshalb kann alternativ zum Fundamenterder evtl. eine andere Erderart errichtet werden.

a)

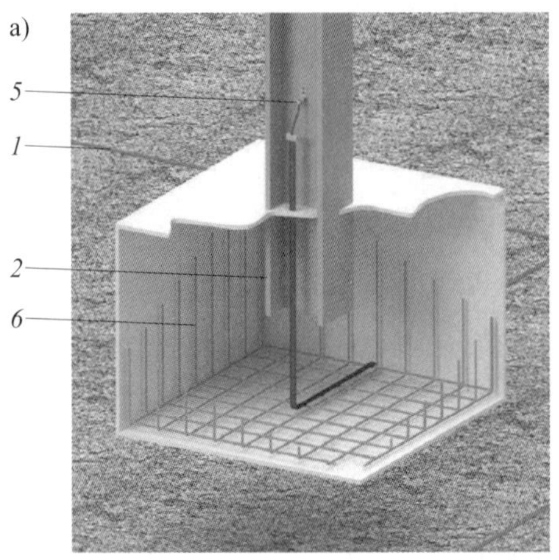

b)

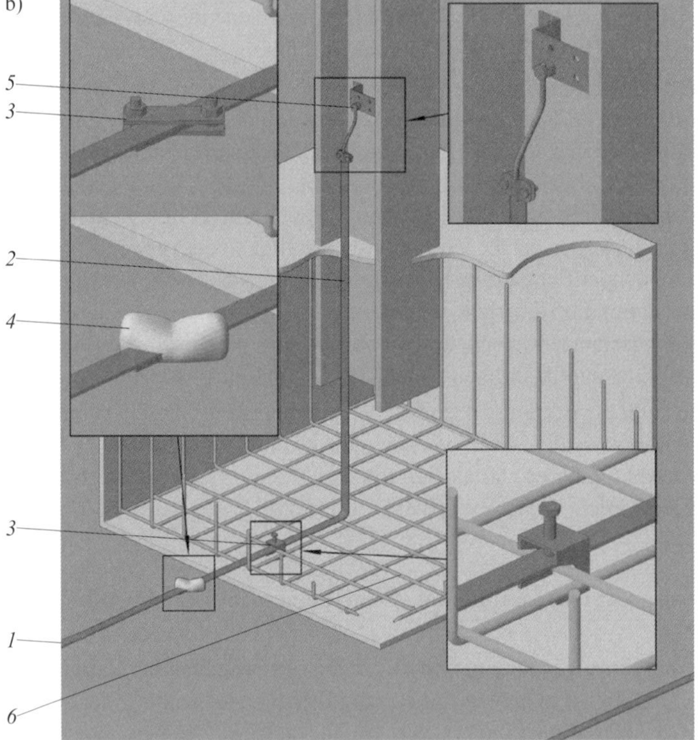

Bild 5.8 Anbindung von Einzelfundamenten

c)

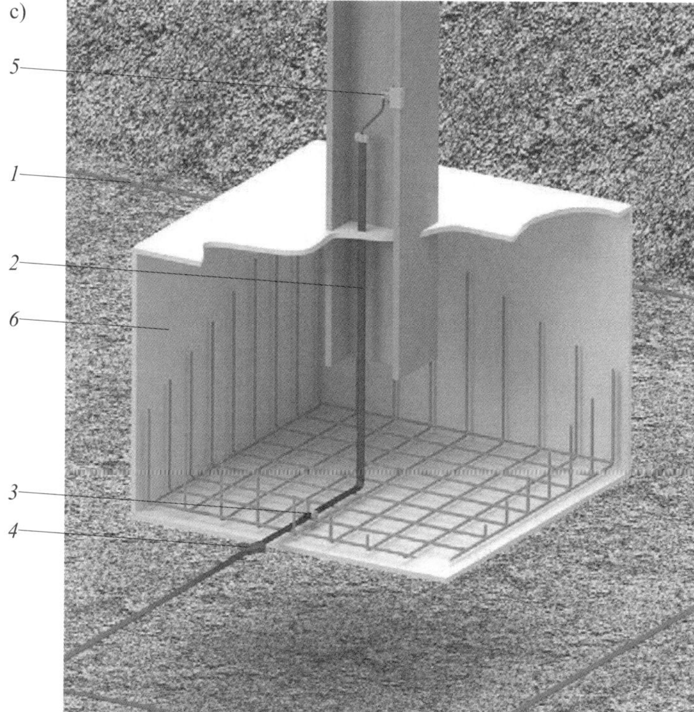

Bild 5.8 (*Fortsetzung*) Anbindung von Einzelfundamenten

a) Einzelstützen mit WU-Beton – Detail Anschlusswinkel – korrosionsgeschützt
b) Einzelfundament WU-Beton – Detail Anschlussblock – korrosionsgeschützt
c) Einzelfundament WU-Beton – Detail Anschlussklemme – korrosionsgeschützt

1 vermaschter Ringerder,
2 Erdungsleiter,
3 elektrisch leitende Verbindung nach Abschnitt 9 der Norm,
4 Schutzbinde nach Abschnitt 9 der Norm,
5 Anschluss an Stahlträger:
Detail Anschlusswinkel angeschraubt (Bild 5.8 a)
Detail Anschlussblock (Bild 5.8 b)
Detail Anschlussklemme (Bild 5.8 c)
6 Einzelfundament WU-Beton, einschließlich Verbindungsleitung zur Stahlstütze

(DIN 18014:2023-06, Bild 14)

5.4.6.2 Erdungsanlagen bei teilunterkellerten Bauwerken

Untersucht die Besonderheiten der Erdungsplanung bei Gebäuden mit Teilunterkellerung.

Hier müssen verschiedene Aspekte der Baustruktur und Nutzung berücksichtigt werden, um sowohl Sicherheit als auch Funktionalität zu gewährleisten. Ein grundlegendes Prinzip in solchen Fällen ist die Schaffung einer gemeinsamen Erdungsanlage, die sowohl den unterkellerten als auch den nicht unterkellerten Teil des Bauwerks abdeckt.

Für den nicht unterkellerten Bereich des Bauwerks, der möglicherweise weniger intensiv genutzt wird – wie beispielsweise Garagen oder Nebengebäude – könnten die Anforderungen an die Erdungsanlage im Einzelfall geringer sein. Dies liegt daran, dass das Risiko elektrischer Unfälle oder die Konsequenzen eines fehlerhaften Erdungssystems in solchen weniger kritischen Bereichen möglicherweise als geringer eingeschätzt werden. Allerdings darf dies nicht zu einer Unterschätzung der Notwendigkeit einer angemessenen Erdung führen, da auch in diesen Bereichen die Sicherheit von Menschen und die Integrität der elektrischen Anlagen sichergestellt werden muss.

Die zunehmende Elektrifizierung des Alltags und insbesondere die Verbreitung von Elektroautos haben dazu geführt, dass auch in scheinbar weniger kritischen Bereichen wie Garagen ein höheres Maß an elektrischer Sicherheit erforderlich ist. Garagen, die mit Wallboxen für das Laden von Elektroautos ausgestattet sind, stellen ein Beispiel dar, bei dem eine zuverlässige Erdung unerlässlich ist. In solchen Fällen ist es ratsam, auch für diese Bereiche eine gemeinsame Erdungsanlage zu errichten (**Bild 5.9**).

Kurz zusammengefasst:

- grundsätzlich für unterkellerten und nicht unterkellerten Teil eine gemeinsame Erdungsanlage errichten,
- Anforderungen für nicht unterkellerten Bereich entsprechend der Nutzung im Einzelfall geringer (Garage und Nebengebäude),
- es kann aber auch für Garagen z. B. mit Wallboxen für Elektroautos gemeinsame Erdungsanlage sinnvoll sein.

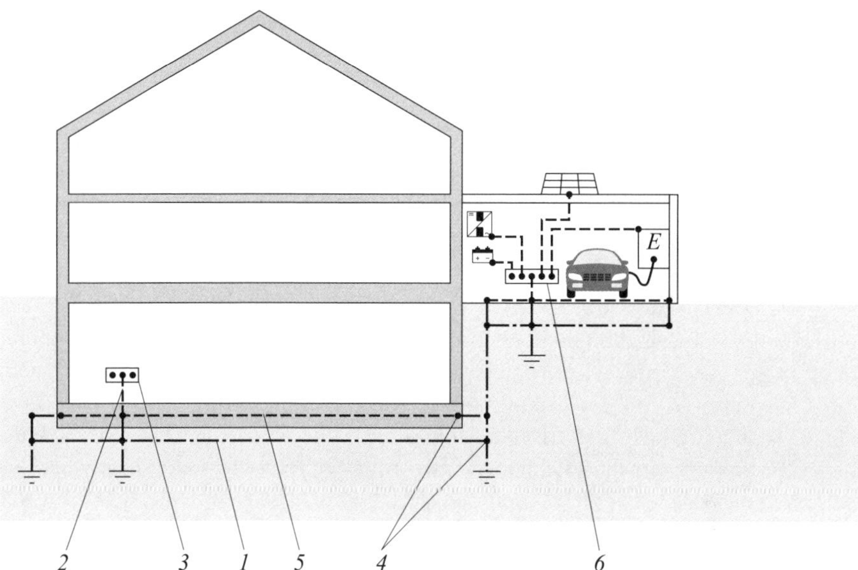

Bild 5.9 Teilunterkellertes Gebäude mit Erdungsanlage im Nebengebäude
1 vermaschter Ringerder,
2 Erdungsleiter,
3 Haupterdungsschiene (HES),
4 elektrisch leitende Verbindung nach Abschnitt 9 der Norm,
5 kombinierte Potentialausgleichsanlage,
6 Anschlusspunkt (Anschlussfahne) – wenn gefordert
(DIN 18014:2023-06, Bild 17)

5.4.6.3 Erdungsanlagen mit mehreren Netzanschlüssen

Erörtert die Komplexität und Notwendigkeit einer sorgfältigen Planung bei Vorhandensein mehrerer Netzanschlüsse (**Bild 5.10**).

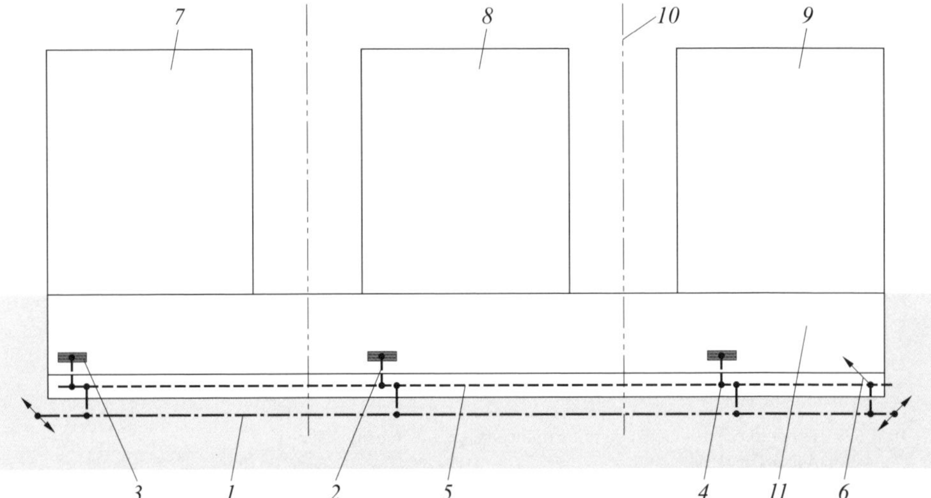

Bild 5.10 Anordnung eines Ringerders bei einem Gebäude mit mehreren Netzanschlüssen und einer gemeinsamen Erdungsanlage

1 vermaschter Ringerder,
2 Erdungsleiter,
3 Haupterdungsschiene (HES),
4 elektrisch leitende Verbindung nach Abschnitt 9 der Norm,
5 kombinierte Potentialausgleichsanlage,
6 Anschlusspunkt (Anschlussfahne) – wenn gefordert,
7 Gebäude A,
8 Gebäude B,
9 Gebäude C,
10 Baugrenze,
11 Unterkellerung, z. B. Tiefgarage
(DIN 18014:2023-06, Bild 18)

Bei der Installation von Erdungsanlagen in Gebäudekomplexen mit mehreren Netzanschlüssen, wie es z. B. bei Reihenhäusern oder Doppelhäusern mit gemeinsamer Bodenplatte der Fall ist, sind spezielle Anforderungen zu berücksichtigen. Eine zentrale Komponente ist die Notwendigkeit einer kombinierten Potentialausgleichsanlage. Diese sorgt dafür, dass Potentialunterschiede zwischen den einzelnen Gebäudeteilen ausgeglichen werden, um die Sicherheit der elektrischen Anlagen und der Bewohner zu gewährleisten. Besonders bei Bodenplatten, die mit Dehnungsfugen versehen sind, ist eine niederimpedante Verbindung der einzelnen Platten über Dehnungsbänder notwendig, um eine durchgehend sichere Erdung zu garantieren.

Darüber hinaus kann es aus rechtlichen Gründen erforderlich sein, für jeden Teil eines Reihen- oder Doppelhauses eine eigene Erdungsanlage (z. B. Stab-/Tiefenerder oder Strahlenerder) zu errichten. Dies dient der eindeutigen Zuordnung und Verantwortlichkeit im Falle von Schäden oder Störungen. Für größere Bauvorhaben oder solche, die durch mehrere Transformatoren versorgt werden, sind individuelle Anschlusskonzepte erforderlich. Diese müssen die spezifischen Gegebenheiten des Bauprojekts berücksichtigen, um eine effiziente und sichere elektrische Infrastruktur zu gewährleisten.

Kurz zusammengefasst:

- kombinierte Potentialausgleichsanlage erforderlich, z. B. bei Reihenhäusern oder Doppelhäusern mit gemeinsamer Bodenplatte/Erdungsanlage,
- bei Bodenplatten mit Dehnungsfugen sind einzelne Bodenplatten über Dehnungsbänder möglichst niederimpedant zu verbinden,
- bei Reihen-/Doppelhäusern ggfs. aus Gründen der rechtlich eindeutigen Zuordnung für jeden Hausteil Errichtung eines Erders notwendig,
- individuelle Anschlusskonzepte für größere Bauvorhaben, und Versorgung durch mehrere Transformatoren, d. h., Netzanschlusskonzepte für größere Objekte werden individuell zwischen Anschlussnehmer, Planer und Netzbetreiber abgestimmt.

Hinweis: In DIN 18014:2023-06 sind zum Thema weitere Beispiele von Skizzen enthalten,

- das Bild 19 der DIN 18014 Anordnung eines Ringerders in Reihen-/Doppelhäusern,
- das Bild 20 der DIN 18014 Anordnung von Stab-/Tiefenerdern/Strahlenerdern in Reihen-/Doppelhäusern und
- das Bild 21 Überbrückung von Bewegungsfugen mit Anschlusspunkten (Erdungsfestpunkten) und flexiblen Erdungsleitungen im Innern von Bauwerken.

5.4.6.4 Ladeeinrichtungen im Einflussbereich der Erdungsanlage des Gebäudes

Berücksichtigt die Integration von Ladeinfrastrukturen für Elektrofahrzeuge in das Erdungskonzept.

Die Integration von Ladeeinrichtungen für Elektrofahrzeuge in den Einflussbereich der Erdungsanlage eines Gebäudes stellt eine zunehmend relevante Aufgabe dar (**Bild 5.11**). Ladeeinrichtungen, die innerhalb eines Gebäudes installiert sind, sollten idealerweise die bestehende Erdungsanlage des Gebäudes nutzen. Dies ermöglicht eine effiziente und kostengünstige Lösung, indem zusätzliche Erdungsmaßnahmen vermieden werden.

Wenn Ladeeinrichtungen außerhalb des Gebäudes versorgt werden, ist es entscheidend, dass die Erdungsanlage der Ladeeinrichtung niederimpedant mit der des Gebäudes verbunden wird. Diese Maßnahme stellt sicher, dass im Falle eines Fehlers oder einer Störung ein sicherer Ableitpfad für den Fehlerstrom vorhanden ist, um Personen- und Sachschäden zu vermeiden.

Für Ladeeinrichtungen mit eigenem Netzanschluss ist die Errichtung einer eigenen Erdungsanlage erforderlich. Dies gewährleistet, dass die Ladeinfrastruktur unabhängig vom Gebäude sicher betrieben werden kann.

Kurz zusammengefasst:

- Ladeeinrichtung innerhalb eines Gebäudes: Nutzung der Erdungsanlage des Gebäudes, es sind die Anforderungen für Erdungsanlagen bei Einzelfundamenten zu beachten → *Kapitel 5.4.6.1 dieses Buchs*,
- Ladeeinrichtung aus Gebäude versorgt: Erdungsanlage der Ladeeinrichtung niederimpedant mit der Erdungsanlage des Gebäudes verbinden,
- Ladeeinrichtungen mit eigenem Netzanschluss: eigene Erdungsanlage.

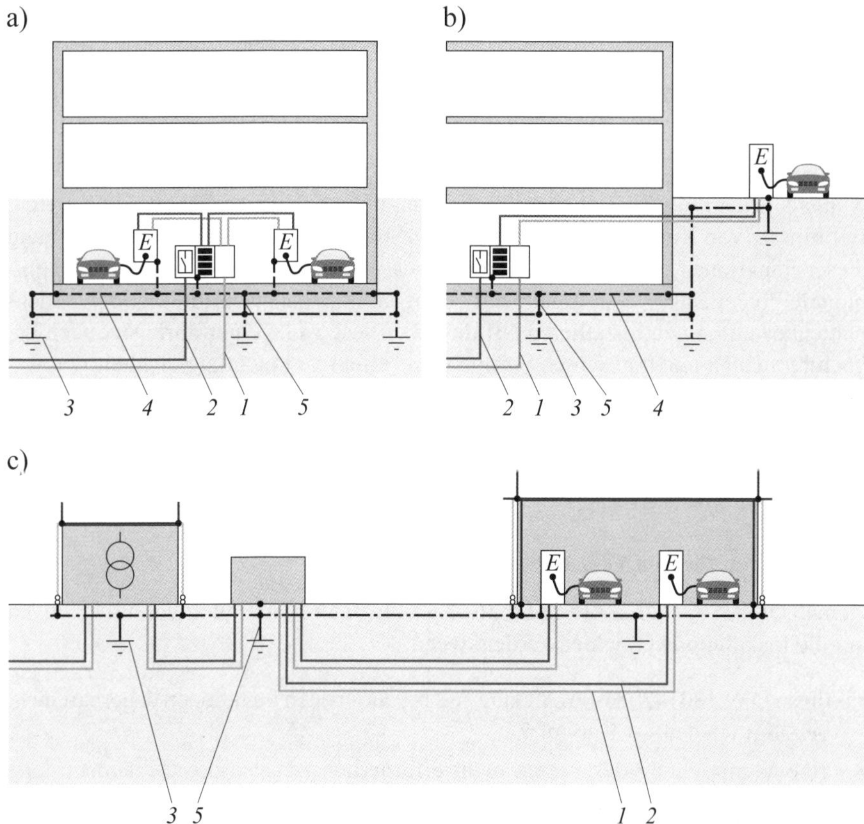

Bild 5.11 Ausführungsformen von Erdungsanlagen bei Ladeeinrichtungen –
a) Ladeeinrichtungen im Gebäude,
b) Ladeeinrichtung aus Gebäude versorgt,
c) Ladeeinrichtungen mit eigenem Netzanschluss
1 Kommunikationsnetz,
2 Niederspannungsanlage,
3 Erder nach Abschnitt 6 der Norm,
4 kombinierte Potentialausgleichsanlage,
5 Erdungsleiter
(DIN 18014:2023-06, Bild 22)

5.5 Anforderungen an eine kombinierte Potentialausgleichsanlage

Definiert die technischen und sicherheitsrelevanten Kriterien für die Planung und Implementierung einer effektiven Potentialausgleichsanlage.

Für die Einbindung von Fundamenterdern in Elektroinstallationen gilt, dass sie sowohl als Erder als auch Teil einer integrierten Potentialausgleichsanlage fungieren. Bei Einsatz von Ringerdern, Staberden oder Strahlenerdern ist eine klare Trennung dieser Funktionen erforderlich. Hierbei ist es notwendig, eine unabhängige, kombinierte Potentialausgleichsanlage mit geringem Impedanzwert mithilfe der Bodenplattenbewehrung zu installieren (**Bild 5.12**). Diese Anlage gewährleistet auch bei hochfrequenten und transienten Strömen eine effektive Potentialgleichheit.

In Gebäuden, die mit IT-Einrichtungen gemäß DIN EN 50310 (**VDE 0800-2-310**) oder Blitzschutzsystemen nach DIN EN 62305-*x* (**VDE 0185-305-*x***) ausgestattet sind, kann die Installation einer kombinierten Potentialausgleichsanlage über das Erdgeschoss hinaus erforderlich sein.

Bedingungen für den Verzicht

Gemäß DIN 18014:2023-06, Abschnitt 7.3 kann unter bestimmten Voraussetzungen auf die Installation verzichtet werden, wenn:

- die in DIN 180142023-06, Anhang A.2 beschriebenen Funktionen dauerhaft nicht benötigt werden, → Kapitel 5.1
- eine Vermaschung des Erders nicht erforderlich ist, also der Gebäudeumfang 80 m nicht überschreitet,
- eine Abstimmung mit dem Auftraggeber und dem Planer der Erdungsanlage stattgefunden hat, und
- diese Abstimmung vor Baubeginn schriftlich festgehalten wurde.

Bei Neubauten, die unter diese Bedingungen fallen, sollte stattdessen eine alternative, niederimpedante Verbindung von Betriebsmitteln vorgesehen werden, um Schutz gegen hochfrequente oder transiente Störungen zu bieten. Ein zusätzlicher Anschlusspunkt ist vor allem dann nötig, wenn:

- Betriebsmittel mit hohen Last- oder Fehlerströmen im Einsatz sind (z. B. PV-Wechselrichter),
- der Abstand zwischen Haupterdungsschiene und Betriebsmittel mehr als 10 m beträgt,
- vernetzte Systeme vorhanden sind.

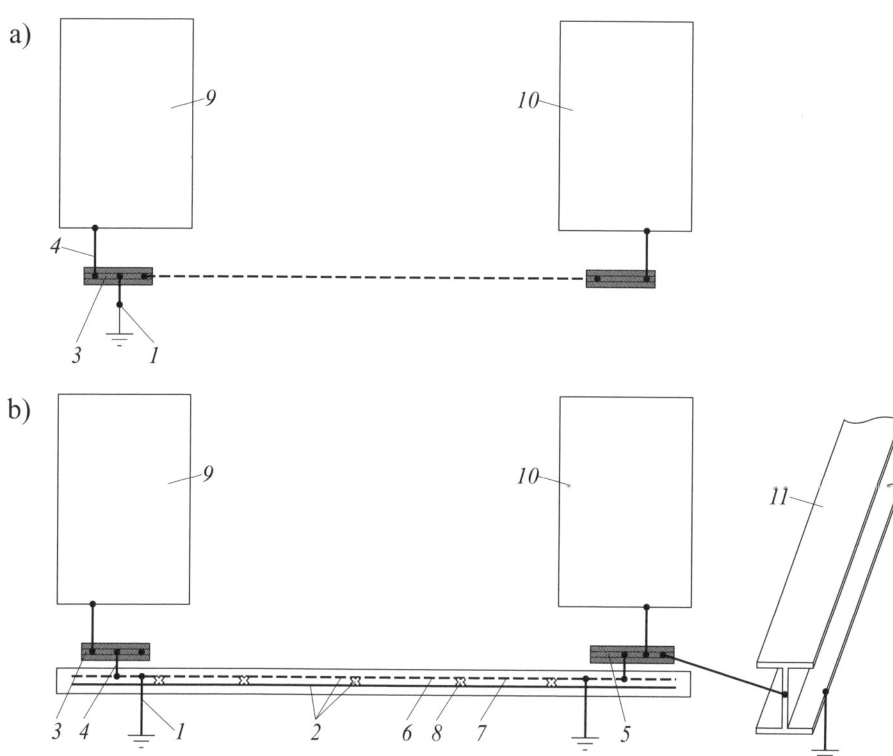

Bild 5.12 Darstellung einer niederohmigen und niederimpedante kombinierten Potentialausgleichsanlage –

a) Separat geführte niederohmige Potentialausgleichsleiter,
b) Niederimpedante, kombinierte Potentialausgleichsanlage
1 Erder nach Abschnitt 6 der Norm,
2 kombinierte Potentialausgleichsanlage nach Abschnitt 7 der Norm,
3 Haupterdungsschiene,
4 Erdungsleiter,
5 Anschlusspunkt (Anschlussfahne) – wenn gefordert,
6 kombinierter Potentialausgleichsleiter,
7 Bewehrung,
8 elektrisch leitende Verbindung nach Abschnitt 9 der Norm,
9 Elektroverteiler,
10 elektronische Geräte,
11 Metallträger der Gebäudekonstruktion
(DIN 18014:2023-06, Bild 23)

Ausführungsrichtlinien für kombinierte Potentialausgleichsanlagen, **mit** geeigneten leitfähigen Teilen:

- Nutzung der Bewehrung gemäß DIN 18014:2023-06 als gemeinsamer Schutz- und Funktionspotentialausgleich,
- Einhaltung aller Vorgaben für Schutzpotentialausgleichsleiter nach DIN VDE 0100-540,
- Sicherstellung einer umfassenden Betonumhüllung,
- Maschenweite max. 20 m × 20 m, angepasst an die Grundfläche und Gebäudeform,
- Anstreben einer gleichmäßigen Maschenaufteilung und
- elektrisch leitende Verbindung mit der Bewehrung, bevorzugt der unteren Lage, in max. 2 m Abständen.

Ausführungsrichtlinien für kombinierte Potentialausgleichsanlagen, **ohne** geeignete leitfähige Teile:

- Maschenweite auf max. 10 m × 10 m begrenzen,
- ansonsten gelten dieselben Anforderungen wie oben,
- bei Bedarf zur EMV-Optimierung zusätzliche Maßnahmen ergreifen, wie z. B. eine weitere Reduzierung der Maschenweite.

Tabelle 5.14 fasst Ausführung kombinierter Potentialausgleichsanlagen kurz zusammen.

Kombinierte Potentialausgleichsanlage Ausführung, mit geeigneten leitfähigen Teilen der Bewehrung nach DIN 18014:2023-06
• bei Nutzung als gemeinsamer Schutz- und Funktionspotentialausgleichsleiter alle Anforderungen für Schutzpotentialausgleichsleiter nach DIN VDE 0100-540, • allseitig ausreichende Betonumhüllung, • Maschenweite ≤ 20 m × 20 m, • Aufteilung der Maschen bei Grundfläche ≥ 20 m × 20 m der Gebäudeform folgend, • möglichst gleichmäßige Aufteilung der Maschen, • mit Bewehrung, bevorzugt der unteren Bewehrungslage, in Abständen ≤ 2 m dauerhaft elektrisch leitend verbinden
Kombinierte Potentialausgleichsanlage Ausführung, ohne geeignete leitfähige Teile der Bewehrung (z. B. Faserbeton) nach DIN 18014:2023-06
• Maschenweite ≤ 10 m × 10 m, • ansonsten alle Vorgaben von oben, • beispielsweise zu EMV-Zwecken ggf. zusätzliche Maßnahmen, z. B. Reduzierung der Maschenweiten notwendig

Tabelle 5.14 Ausführung kombinierter Potentialausgleichsanlagen

Hinweis:

- In DIN 18014:2023-06 findet sich ein weiteres Bild zur Abgrenzung des Anwendungsbereichs (DIN 18014:2023-06, Bild 24).

5.6 Anschlusspunkte

Beschreibt die kritischen Schnittstellen innerhalb der Erdungsanlage, an denen Sicherheits- und Funktionsleitungen zusammenlaufen.

Die Integration von Anschlusspunkten spielt eine zentrale Rolle in der Konzeption und Realisierung effektiver Erdungsanlagen. Diese Anschlusspunkte stellen die essenzielle Schnittstelle zwischen der Erdungsanlage und den elektrischen Betriebsmitteln dar, wodurch eine sichere und zuverlässige Ableitung von elektrischen Strömen in das Erdreich gewährleistet wird. Die sorgfältige Planung und Ausführung dieser Verbindungspunkte sind entscheidend für die Gesamtleistung der Erdungsinfrastruktur und tragen maßgeblich zur Einhaltung der Sicherheitsstandards und zum Schutz elektrischer Systeme bei. Im Folgenden wird eine detaillierte Übersicht über die Anzahl und die spezifischen Lagen der Anschlusspunkte innerhalb der Erdungsanlage präsentiert, welche die Grundlage für eine effiziente und normkonforme Erdung nach DIN 18014:2023-06 bildet.

Die Verbindung zur Erdungsanlage erfolgt über notwendige Anschlusspunkte, wobei die Anzahl und die Lage dieser Anschlusspunkte bereits im Rahmen der Planung und Projektierung ermittelt werden sollte. Die notwendige Anzahl der Erdungsleiter ist zu berücksichtigen, so sind Verbindungen zu:

- der Haupterdungsschiene für den Schutzpotentialausgleich,
- zusätzliche Potentialausgleichsschienen,
- Ableitungen eines evtl. zu errichtenden Blitzschutzsystems,
- sonstige Konstruktionsteile aus Metall,
- Anlagen der Informations- und Kommunikationstechnik herzustellen.

Es können zusätzliche Anschlusspunkte zum direkten Anschluss weiterer Anlagenteile an die Erdungsanlage notwendig sein, wie

- Potentialausgleichsleitungen für Klima-, Lüftungs-, und Heizungsanlagen,
- Aufzugsanlagen,
- elektrische Energiespeicher,
- Ladeeinrichtungen für Elektrofahrzeuge,
- PV-Anlagen,
- Technikräume,
- stationäre elektrische Maschinen,
- metallene Rohrleitungen von Versorgungssystemen.

Bild 5.13 zeigt Beispiele von Anschlusspunkten.

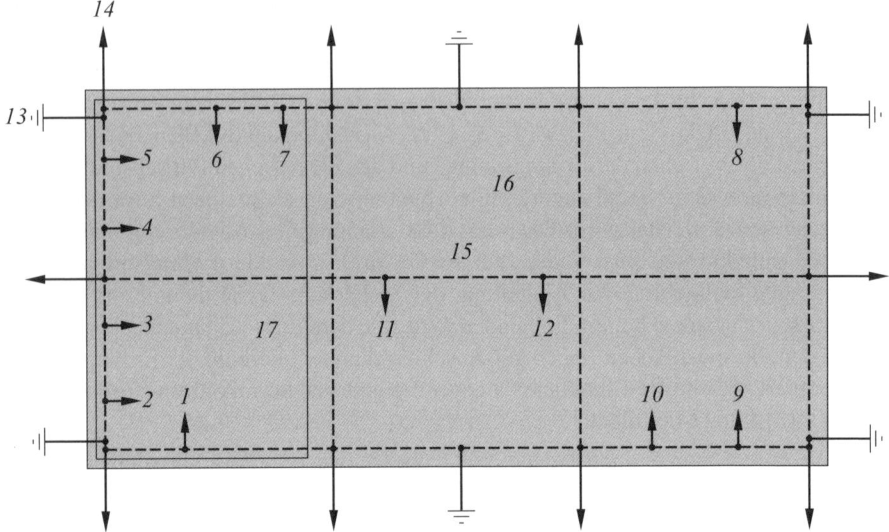

Bild 5.13 Beispiele für zusätzliche Anschlusspunkte, falls erforderlich

1 Haupterdungsschiene/Transformator,
2 Mittelspannungsanlage (MS),
3 Niederspannungsanlage (NS),
4 Heizung, Klima, Kälte,
5 Ersatzstromversorgung,
6 elektrische Energiespeicher,
7 PV-Anlage,
8 Ladeeinrichtung für Elektromobilität,
9 Anschluss am Gebäudeein-/austritt von gebäudeüberschreitenden Leitungen,
10 Außenbeleuchtung (Überspannungsschutz),
11 Treppenhaus (durchgehend),
12 Aufzugsanlage (Erdung am Fußpunkt),
13 Stab-/Tiefenerder,
14 Blitzschutz,
15 kombinierte Potentialausgleichsanlage,
16 Bewehrung,
17 Technikraum
(DIN 18014:2023-06, Bild 25)

Weitere Anforderungen zu den Anschlusspunkten kurz gefasst:

Anforderungen an Anschlusspunkte:
• Die Anordnung des Anschlusspunktes an die Haupterdungsschiene nach DIN VDE 0618-1 zum Schutzpotentialausgleich ist in der Nähe des elektrischen Hausanschlusses bzw. der Gebäudeeinführung zu errichten. • Anschlusspunkte sind zu dokumentieren: in einen Ausführungsplan eintragen und örtlich sichtbar durch Schilder kenntlich machen. • Unzulässige Erwärmung durch Ausgleichsströme ist entgegenzuwirken durch eine entsprechende Dimensionierung. • Es wird empfohlen, für die nachträgliche Errichtung eines äußeren Blitzschutzsystems weitere Anschlusspunkte vorzusehen. • Anschlussfahnen sollten mindestens eine Länge von 1,5 m ab Oberkante des fertigen Fußbodens haben und sie müssen während der Bauphase gekennzeichnet sein, damit Unfälle vermieden werden. • Alle Anschlusspunkte untereinander und an Fundamenterder/Ringerder bzw. Potentialausgleichsleiter müssen einen niederohmigen Durchgangswiderstand von $\leq 1\ \Omega$ haben. • Werden druckwasserdichte Durchführungen notwendig, so müssen sie mindestens die Anforderungen nach DIN EN 62561-5 (**VDE 0185-561-5**) erfüllen und bei der Ausführung muss DIN 18533-1 berücksichtigt werden.

Tabelle 5.15 Anforderungen an Anschlusspunkte nach DIN 18014:2023-06

5.7 Elektrisch leitende Verbindungen

Erläutert die Bedeutung hochwertiger Verbindungen für die Integrität und Langzeitstabilität der Erdungsanlage.

Die Norm DIN 18014:2023-06 setzt den Rahmen für die Planung, Ausführung und Prüfung von Fundamenterdern und definiert damit auch die Anforderungen an elektrisch leitende Verbindungen innerhalb von Erdungsanlagen. Elektrisch leitende Verbindungen sind ein wesentlicher Bestandteil für die Sicherheit und Effektivität von Erdungsmaßnahmen, da sie die zuverlässige Übertragung von elektrischen Strömen zum Erdreich ermöglichen. Diese Verbindungen müssen bestimmte Kriterien erfüllen, um eine dauerhafte und niederohmige Anbindung sicherzustellen, die sowohl bei normalen Betriebsbedingungen als auch im Fehlerfall einen effizienten Potentialausgleich gewährleistet. Die DIN 18014:2023-06 legt besonderen Wert auf die Materialauswahl, die Installationsmethode und die Wartung dieser Verbindungen, um die Integrität der Erdungsanlage über ihre gesamte Lebensdauer zu garantieren. Im Folgenden werden die Schlüsselaspekte und Anforderungen an elektrisch leitende Verbindungen nach DIN 18014 dargelegt, die als Grundlage für eine normgerechte und funktionssichere Erdungsinstallation dienen. In der nachfolgenden Tabelle sind die wesentlichen Anforderungen zu Verbindungen aus der DIN 18014:2023-06 enthalten.

Grundsätzlich müssen einzelne Teile der Erdungsanlage zuverlässig elektrisch leitend und mechanisch fest miteinander verbunden sein. Daraus leitet sich ab:

- Teile einer Erdungsanlage müssen ausnahmslos durch Schrauben, Klemmen oder Schweißen zuverlässig elektrisch leitend fest verbunden werden,
- Schweißverbindungen nach DIN EN ISO 17660 (alle Teile) sind zulässig nur in Abstimmung mit dem zuständigen Baustatiker des Fundaments,
- Verbindungsbauteile nach DIN EN 62561-1 (**VDE 0185-561-1**) sind nicht zu verwenden,
- nicht zulässige Ausführungen von Verbindungen innerhalb von Erdungsanlagen sind im Beton: Keilverbinder, wenn Beton maschinell verdichtet (z. B. mittels Innenrüttler) oder eingebracht wird, Rödel Verbindungen.
- Klemm- und Schraubverbindungen im Erdreich sind mit einer Schutzbinde vor Schmutz und Feuchtigkeit zu schützen, um während der Inbetriebnahme oder bei regelmäßigen Wiederholungsprüfungen den Vorgang der Durchgangsmessung nicht zu beeinträchtigen.

Tabelle 5.16 Anforderungen an elektrisch leitende Verbindungen aus DIN 18014:2023-06

5.8 Auswahl von Werkstoffen und Bauteilen

Hebt die Wichtigkeit der sorgfältigen Auswahl von Materialien und Komponenten hervor, um Korrosion zu vermeiden und die Langlebigkeit der Erdungsanlage zu sichern.

Die DIN 18014 stellt hierfür klare Richtlinien bereit, die sowohl die Korrosionsbeständigkeit der Materialien als auch die spezifischen Anforderungen des Einsatzortes berücksichtigen.

Die grundlegende Anforderung an eine Erdungsanlage gemäß DIN 18014 ist, „dauerhaft einen ausreichenden elektrischen Kontakt zur Erde herzustellen". Dabei muss die vom Auftraggeber vorgegebene Lebensdauer des Gebäudes berücksichtigt werden. Der Fundamenterder, durch seine Einbettung in Beton, ist effektiv vor Korrosion geschützt. Für Erder, die direkt im Erdreich verlegt werden, ist die Auswahl korrosionsbeständiger Materialien entscheidend, um ein vergleichbares Korrosionsverhalten zu gewährleisten. Bei der Materialauswahl sind folgende Punkte zu beachten:

- Für den Einsatz im Erdreich sind hochwertige, korrosionsbeständige Erderwerkstoffe erforderlich. Hierzu zählen hochlegierter Edelstahl mit einem Molybdängehalt von mindestens 2 % (z. B. Werkstoff Nr. 1.4401, Nr. 1.4404 und Nr. 1.4571) sowie Kupfer, entweder blank oder verzinnt.
- Im Beton eingebettete Erder sollten in korrosionsgeschützter Ausführung verwendet werden, dazu gehören blanker oder verzinkter Stahl.
- Für Anschlusspunkte sind dauerhaft korrosionsbeständige Materialien einzusetzen, um eine langfristige und zuverlässige Verbindung zu gewährleisten.

Diese Materialauswahlrichtlinien stellen sicher, dass Erdungsanlagen über die Lebensdauer des Gebäudes hinweg ihren Zweck erfüllen und einen sicheren Betrieb elektrischer Systeme ermöglichen.

In der nachfolgenden **Tabelle 5.17** werden die Werkstoffe für Bauteile aufgelistet.

- Allgemein: Für die Errichtung von Erdungsanlagen können unterschiedliche Werkstoffe genutzt werden (für die Erder und dessen Verbindungen). Daher sollte überprüft werden, inwieweit die Gefahr einer Korrosion besteht durch die unterschiedlichen Werkstoffkombinationen.
- Ringerder oder Strahlenerder: Rundstahl mit 10 mm Durchmesser und Bandstahl mit 30 mm × 3,5 mm, Kupferseile (blank oder verzinkt, eindrähtig, mit 8 mm Durchmesser,
- Stab-/Tiefenerder: Rundstahl massiv mit 16 mm Durchmesser, Rohr mit mindestens 25 mm Durchmesser und Wanddicke 2 mm,
- Fundamenterder: Rundstahl mit 10 mm Durchmesser oder Bandstahl mit den Maßen von 30 mm × 3,5 mm, Kupfer 50 mm^2 als Rundmaterial, Seil oder Bandmaterial,
- kombinierte Potentialausgleichsleiter: Rundstahl mit 10 mm Durchmesser, Bandstahl mit den Maßen 30 mm × 3,5 mm,
- Erdungsleiter: Rundstahl 10 mm Durchmesser, Bandstahl 30 mm × 3,5 mm, Kupferseile mehrdrähtig Querschnitt 50 mm^2 (blank oder verzinkt), Kupferkabel NYY 50 mm^2,
- Anschlusspunkte: Anschlussfahnen aus: Rundstahl mit 10 mm Durchmesser, Bandstahl mit 30 mm × 3,5 mm, Kupferkabel, mehrdrähtig, von 50 mm^2, Anschlussplatten können (Erdungsfestpunkte) aus Metallteilen aus Stahl in Innengewinde M10, Anschlusspunkte müssen: aus korrosionsbeständigen Werkstoffen bestehen.

Tabelle 5.17 Werkstoffe für Bauteile der Erdungsanlagen nach DIN 18014:2023-06

5.9 Überprüfung und Dokumentation

Unterstreicht die Notwendigkeit einer gründlichen Überprüfung der installierten Erdungsanlage und der sorgfältigen Dokumentation aller Maßnahmen und Ergebnisse gemäß den Normvorgaben.

Überprüfung vor der Überdeckung

Vor der Überdeckung der Erdungsanlage mit Beton oder Erdreich ist es zwingend erforderlich, dass eine qualifizierte Elektrofachkraft die Anlage überprüft. Diese Überprüfung dient dazu, sicherzustellen, dass die Erdungsanlage in vollständiger Übereinstimmung mit den Anforderungen der DIN 18014:2023-06 errichtet wurde. Es ist von entscheidender Bedeutung, dass alle Komponenten der Erdungsanlage den normativen Vorgaben entsprechen, um die Sicherheit und Funktionalität des elektrischen Systems zu gewährleisten.

Maßnahmen bei Mängeln

Stellt die Elektrofachkraft Mängel fest, sei es, dass die Erdungsanlage mangelhaft ist, ganz fehlt oder der Nachweis der Anforderungsübereinstimmung nicht erbracht werden kann, muss umgehend gehandelt werden. In solchen Fällen ist die Errichtung einer kombinierten Potentialausgleichsanlage gemäß DIN 18014 nachträglich erforderlich. Diese Maßnahme stellt sicher, dass trotz der festgestellten Mängel ein ordnungsgemäßer Potentialausgleich und somit die elektrische Sicherheit gewährleistet wird.

Dokumentation der Erdungsanlage

Die Dokumentation der Erdungsanlage muss umfassend und detailliert sein. Folgende Unterlagen sind zwingend erforderlich:

- Ausführungspläne der Erdungsanlage und gegebenenfalls der kombinierten Potentialausgleichsanlage,
- aussagekräftige Fotografien der gesamten Anlage, um einen visuellen Nachweis des ordnungsgemäßen Aufbaus und der korrekten Errichtung zu bieten,
- eindeutig zuordnungsbare Detailaufnahmen von kritischen Verbindungsstellen, der Haupterdungsschiene, Anschlussteilen und der Blitzschutzanlage,
- Ergebnisse der Durchgangsmessungen, die die elektrische Integrität der Anlage belegen.

Für die Dokumentation kann das Formblatt aus Anhang C der Norm DIN 18014: 2023-06 (siehe **Tabelle 5.18** und **Tabelle 5.19**) verwendet werden, um eine standardisierte und normgerechte Erfassung der Daten zu gewährleisten.

Formblatt für die Dokumentation einer Erdungsanlage

Bericht-Nr.:	**Datum der Prüfung:**	**Name des Erstellers:**
Angaben zum Gebäude	Straße:	
	PLZ, Ort:	
	Nutzung:	
	Bauart:	
	Art des Fundamentes:	
Angaben zum Planer	Name:	
	Straße:	
	PLZ, Ort:	

Tabelle 5.18 Dokumentation der Erdungsanlage nach DIN 18014:2023-06, Tabelle C.1

<table>
<tr><th>Bericht-Nr.:</th><th colspan="2">Datum der Prüfung:</th><th>Name des Erstellers:</th></tr>
<tr><td rowspan="4">Angaben zum Errichter</td><td>❒ Elektrofachkraft</td><td>❒ Blitzschutzfachkraft</td><td>❒ Baufachkraft unter Aufsicht einer Elektro-/ Blitzschutzfachkraft</td></tr>
<tr><td colspan="3">Firma, Name:</td></tr>
<tr><td colspan="3">Straße:</td></tr>
<tr><td colspan="3">PLZ, Ort:</td></tr>
<tr><td rowspan="18">Zweck und Funktionen der Erdungsanlage nach 4.1 und Anhang A</td><td colspan="3">❒ Erfüllung von Schutzmaßnahmen in der elektrischen Anlage</td></tr>
<tr><td colspan="3">❒ Führen von Erdfehlerströmen und Schutzleiterströmen zur Erde</td></tr>
<tr><td colspan="3">❒ Funktionserdung und -potentialausgleich</td></tr>
<tr><td colspan="3">❒ Potentialsteuerung innerhalb des Gebäudes und das impedanzarme Einbeziehen von Betriebsmitteln in den Potentialausgleich</td></tr>
<tr><td colspan="3">❒ Führen von Ausgleichsströmen besonders bei Mehrfacheinspeisungen</td></tr>
<tr><td colspan="3">❒ Reduzierung von Potentialunterschieden zwischen Erder, äußeren und inneren Teilen</td></tr>
<tr><td colspan="3">❒ kombiniertes Schutzpotentialausgleich- und Funktionspotentialausgleichssystem für folgende Zwecke</td></tr>
<tr><td colspan="3">❒ Verbindung der Erdungsanlagen von Gebäuden zur Unterstützung eines globalen Erdungssystems</td></tr>
<tr><td colspan="3">❒ Anlagenerder zur Verbindung mit dem Schutzpotentialausgleich über die Haupterdungsschiene nach DIN VDE 0100-540</td></tr>
<tr><td colspan="3">❒ Sicherstellung der Spannungswaage nach DIN VDE 0100-410</td></tr>
<tr><td colspan="3">❒ Voraussetzung für den Verzicht des Schaltens eines Neutralleiters in Deutschland nach DIN VDE 0100-460</td></tr>
<tr><td colspan="3">❒ Erhöhung der Wirksamkeit des Schutzpotentialausgleichs nach DIN VDE 0100-410</td></tr>
<tr><td colspan="3">❒ Schutzerdung im TT System nach DIN VDE 0100-410</td></tr>
<tr><td colspan="3">❒ Schutz und Funktionserdung von Erzeugungsanlagen, z. B. PV-Anlagen nach DIN VDE 0100-712 und Speichern nach VDE-AR-N 4105</td></tr>
<tr><td colspan="3">❒ Erdung von dauerhaft errichteten elektrischen Anlagen, die dafür vorgesehen sind, vom Stromversorgungsnetz getrennt zu werden und durch eine eigenständige Niederspannungsstromerzeugungseinrichtung versorgt werden, nach DIN VDE 0100-551</td></tr>
<tr><td colspan="3">❒ Erdung von Kabelnetzen und Antennenanlagen nach DIN EN 60728-11 (VDE 0855-1)</td></tr>
<tr><td colspan="3">❒ Erdung von Anlagen mit Fernspeisung nach DIN VDE 0800-3</td></tr>
<tr><td colspan="3">❒ Erdung von Funksende-/-empfangssystemen für Senderausgangsleistungen bis 1 kW nach DIN VDE 0855-300</td></tr>
</table>

Tabelle 5.18 (*Fortsetzung*) Dokumentation der Erdungsanlage nach DIN 18014:2023-06, Tabelle C.1

Bericht-Nr.:	Datum der Prüfung:	Name des Erstellers:
	❐ Erdung von Überspannungs-Schutzeinrichtungen Typ 1 nach DIN VDE 0100-534	
	❐ Erdung von Blitzschutzsystemen nach DIN EN 62305-*x* (**VDE 0185-305-*x***)	
	❐ Teil einer gemeinsamen Erdungsanlage bzw. eines gemeinsamen Erdungssystems den Zwecken der Hochspannungsschutz- und Hochspannungsbetriebserdung nach DIN EN IEC 61936-1 (**VDE 0101-1**) und DIN EN 50522 (**VDE 0101-2**)	
	❐ Erdung in explosionsgefährdeten Bereichen nach DIN EN 60079 (**VDE 0165**) (alle Teile)	
	❐ Erdung von Gasanlagen z. B. nach DVGW-Information Gas Nr. 17	
	❐ direkte Anbindung eines Betriebsmittels oder Verteilung an die kombinierte Potentialausgleichsanlage (CBN) nach DIN EN 60204-1 (**VDE 0113-1**)	
	❐ ____________________	
Zweck und Funktionen der kombinierten Potentialausgleichsanlage nach Abschnitt 7 und Abschnitt A.2	Als Ersatz für einen Potentialausgleichsleiter ❐ im Rahmen des Schutzpotentialausgleichs nach DIN VDE 0100-410 ❐ gemeinsamer Schutz- und Funktionspotentialausgleich sowie zur Funktionserdung nach DIN VDE 0100-540 ❐ in einer Potentialausgleichsanlage von Gebäuden nach DIN VDE 0100-444 und DIN EN 50310 (**VDE 0800-2-310**)	
	❐ Sicherstellung der elektromagnetischen Verträglichkeit (EMV) nach DIN VDE 0100-444	
	❐ Potentialsteuerung innerhalb des Gebäudes	
	❐ impedanzarmer Anschluss/Einbeziehen von Betriebsmitteln in den Potentialausgleich, siehe auch DIN EN 50310 (**VDE 0800-2-310**) bei transienten und dauerhaft vorhandenen hochfrequenten Störgrößen DIN EN 62305-*x* (**VDE 0185-305-*x***)	
	❐ Reduzierung von Potentialunterschieden zwischen Erder, äußeren und inneren Teilen, die mit dem Schutzleiter verbunden sind DIN EN 62305-*x* (**VDE 0185-305-*x***)	
	❐ Potentialausgleichsanlage zur Einbeziehung fremder leitfähiger Teile in Gebäuden und Bauwerken mit Hochspannungsanlagen, nach DIN EN IEC 61936-1 (**VDE 0101-1**) und DIN EN 50522 (**VDE 0101-2**)	
	❐ ____________________	
Angaben zur Ausführung	Werkstoffkombination in Bezug auf die Korrosionsgefahr geprüft und in Ordnung: ❐ ja	
	❐ Verbindungsbauteile nach DIN EN 62561-1 (**VDE 0185-561-1**) ❐ Durchführungen für Erder- und Potentialausgleichsleiter nach DIN EN 62561-5-*x* (**VDE 0185-561-5-*x***) ❐ Haupterdungsschiene nach DIN VDE 0618-1	

Tabelle 5.18 (*Fortsetzung*) Dokumentation der Erdungsanlage nach DIN 18014:2023-06, Tabelle C.1

Bericht-Nr.:	Datum der Prüfung:	Name des Erstellers:
	❒ Ringerder/Strahlenerder ❒ Werkstoff entspricht DIN EN IEC 62561-2 (**VDE 0185-561-2**) ❒ korrosionsbeständiger Rundstahl ⌀ 10 mm Werkstoff-Nr./Bezeichnung: ❒ korrosionsbeständige Bandstahl 30 mm × 3,5 mm Werkstoff-Nr./Bezeichnung: ____________ ❒ ____________ Werkstoff-Nr./Bezeichnung: ____________	
	❒ Stab-/Tiefenerder ❒ Werkstoff entspricht DIN EN IEC 62561-2 (**VDE 0185-561-2**) ❒ korrosionsbeständiger Rundstahl ⌀ 16 mm Werkstoff-Nr./Bezeichnung: ____________ ❒ ____________ Werkstoff-Nr./Bezeichnung: ____________	
	❒ Fundamenterder ❒ verz. Rundstahl ⌀ 10 mm ❒ verz. Bandstahl 30 mm × 3,5 mm ❒ ____________	
	❒ Schutzpotentialausgleichs- und Funktionspotentialausgleichsleiter ❒ verz. Rundstahl ⌀ 10 mm ❒ verz. Bandstahl 30 mm × 3,5 mm ❒ ____________	
	❒ Erdungsleiter ❒ korrosionsbeständiger Rundstahl ⌀ 10 mm Werkstoff-Nr./Bezeichnung: ____________ ❒ korrosionsbeständige Bandstahl 30 mm × 3,5 mm Werkstoff-Nr./Bezeichnung: ____________ ❒ ____________ Werkstoff-Nr./Bezeichnung: ____________	
	❒ Anschlusspunkte ❒ korrosionsbeständiger Rundstahl ⌀ 10 mm Werkstoff-Nr./Bezeichnung: ____________ ❒ korrosionsbeständige Bandstahl 30 mm × 3,5 mm Werkstoff-Nr./Bezeichnung: ____________ ❒ Kupferkabel NYY mit einem Mindestquerschnitt von 50 mm^2 Werkstoff-Nr./Bezeichnung: ____________ ❒ ____________ Werkstoff-Nr./Bezeichnung: ____________	

Ort	**Datum**	**Stempel/Unterschrift Elektro-/Blitzschutzfachkraft**

Tabelle 5.18 (*Fortsetzung*) Dokumentation der Erdungsanlage nach DIN 18014:2023-06, Tabelle C.1

Bericht Nr.:				
Zweck der Dokumentation	❒ Abnahme/Übergabe			
Ergebnisse	Die Ausführung stimmt mit den vorliegenden Plänen überein		❒ ja	❒ nein
	Alle Durchgangsmessungen ergaben Werte ≤ =1 Ω nach Abschnitt 8 (einzelne Messpunkte mit Angabe des Bezugspunktes sind den Planunterlagen zu entnehmen)		❒ ja	❒ nein
	Erdungsanlage kann an Haupterdungsschiene angeschlossen werden		❒ ja	❒ nein
	Erdungsanlage ist an Haupterdungsschiene angeschlossen		❒ ja	❒ nein
	Mängel:	❒ Mängelbeseitigung ist notwendig		
		❒ Erneute Prüfung ist notwendig		
Beschreibung, Zeichnungen, Bilder für die Erdungsanlage	❒ Zeichnung-Nr.:			
	❒ Bild-Nr.:			
	❒ Ausführungsplan der Erdungsanlage Nr.:			
	❒ Ausführung des kombinierten Potentialausgleichs, falls gefordert Nr.:			

Tabelle 5.19 Dokumentation der Erdungsanlage nach DIN 18014:2023-06, Tabelle C.2

Bericht Nr.:		
Die Dokumentation besteht aus diesen Blättern und nebenstehenden Anlagen, z. B. Zeichnungen, Fotos, Messprotokollen. (Bei umfangreichen Anlagen mit verschiedenen Materialien können mehrere dieser Dokumentationen ausgefüllt werden.)		
Verwendete Messmittel		
Ort	**Datum**	**Stempel/Unterschrift Elektro-/Blitzschutzfachkraft**

Tabelle 5.19 (*Fortsetzung*) Dokumentation der Erdungsanlage nach DIN 18014:2023-06, Tabelle C.2

Durchgangsmessung: Die Durchgangsmessung ist ein wichtiger Bestandteil der Überprüfung. Sie muss zwischen dem Anschlusspunkt für die Haupterdungsschiene oder einem Bezugspunkt und allen anderen Anschlusspunkten durchgeführt werden. Der Widerstandswert darf dabei 1 Ω nicht überschreiten (Messstrom: innerhalb des minimalen Messbereichs von 0,2 A). Für die Messung sind ausschließlich Messeinrichtungen zu verwenden, die den Anforderungen der DIN EN IEC 61557-4 (**VDE 0413-4**) entsprechen. Diese Messung vor der Überdeckung der Anlage durchzuführen, ist entscheidend, um sicherzustellen, dass die Anlage den normativen Anforderungen entspricht und somit eine sichere Inbetriebnahme gewährleistet ist.

In **Tabelle 5.20** sind die Inhalte des Kapitels 5.9 als Schnellübersicht dargestellt.

Kurz zusammengefasst: zur Überprüfung, Dokumentation und Durchgangsmessung:

- Vor der Überdeckung der Erdungsanlage mit Beton oder Erdreich muss die Elektrofachkraft überprüfen, ob die Erdungsanlage in Übereinstimmung mit den Anforderungen aus der Norm errichtet ist.
- Ist die Erdungsanlage mangelhaft, nicht vorhanden oder der Nachweis der Anforderungsübereinstimmung ist nicht zu erbringen, so muss eine kombinierte Potentialausgleichsanlage nach DIN 18014 nachträglich errichtet werden.

Dokumentation: muss enthalten:

- Ausführungspläne der Erdungsanlage,
- evtl. Ausführung der kombinierten Potentialausgleichsanlage,
- Aussagekräftige Fotografien der gesamten Anlage,
- Eindeutig zuordnungsbare Detailaufnahmen von Verbindungsstellen, Haupterdungsschiene, Anschlussteilen, Blitzschutzanlage,
- Ergebnisse der Durchgangsmessungen.

Hinweis: Es kann zur Dokumentation das Formblatt aus der Norm Anhang C verwendet werden (siehe Tabelle 5.18 und Tabelle 5.19 dieses Buchs).

Durchgangsmessung:

- zwischen dem Anschlusspunkt für die Haupterdungsschiene oder einem Bezugspunkt und allen anderen Anschlusspunkten einen Widerstandswert von $\leq 1\ \Omega$ (Messstrom: innerhalb des minimalen Messbereichs 0,2 A),
- Messeinrichtungen nach DIN EN IEC 61557-4 (**VDE 0413-4**) verwenden,
- Die Durchgangsmessung vor Überdeckung der Anlage durchführen.

Tabelle 5.20 Schnellübersicht zur Überprüfung, Dokumentation und Durchgangsmessung nach DIN 18014:2023-06

6 Literatur

[1] *Behrends, P.* [u. a.] (Hrsg.): Elektrotechnik für Handwerk und Industrie. de-Jahrbuch. 42.–49. Aufl. München · Heidelberg: Hüthig, 2016–2023

[2] *Behrends, P.*; *Maske, D.*; *Soboll, R.* (Hrsg.): Elektrotechnik für Handwerk und Industrie 2024. Jahrbuch. 50. Aufl. München · Heidelberg: Hüthig, 2024. – ISBN 978-3-8101-0603-2

[3] Blitzplaner. 4. Aufl. Firmenschrift. Neumarkt (Oberpfalz): Dehn + Söhne, 2018. – ISBN 978-3-9813770-8-8

[4] *Bödeker, K.*; *Feulner, D.*; *Kammerhoff, U.*; *Kindermann, R.*: Prüfung elektrischer Geräte in der betrieblichen Praxis. VDE-Schriftenreihe 62. 7. Aufl. Berlin · Offenbach: VDE VERLAG, 2014. – ISBN 978-3-8007-3615-7

[5] *Bödeker, K.*; *Lochthofen, M.*: Prüfung ortsfester und ortveränderlicher Geräte. 10. Aufl. Berlin: Huss, 2022. – ISBN 978-3-341-01651-0

[6] *Bödeker, K.*; *Lochthofen, M.*; *Rohlof, K.*: Wiederholungsprüfungen nach DIN VDE 0105. 5. Aufl. München · Heidelberg: Hüthig, 2023. – ISBN 978-3-8101-0573-8

[7] *Cichowski, R. R.* (Hrsg.): Anlagentechnik für elektrische Verteilungsnetze. Jahrbuch. Berlin · Offenbach: VDE VERLAG, 2008–2020

[8] *Cichowski, R. R.* (Hrsg.): Kabelhandbuch. 9. Aufl. Frankfurt am Main: EW-Medien, 2017. – ISBN 978-3-8022-1147-8

[9] *Cichowski, R. R.*: Baustellen-Fibel der Elektroinstallation. VDE-Schriftenreihe 142. 2. Aufl. Berlin · Offenbach: VDE VERLAG, 2019. – ISBN 978-3-8007-4926-3

[10] *Cichowski, R. R.*: Der rote Faden durch die Gruppe 700 der DIN VDE 0100. VDE-Schriftenreihe 168. 3. Aufl. Berlin · Offenbach: VDE VERLAG, 2022. – ISBN 978-3-8007-5824-1

[11] *Cichowski, R. R.*: Elektrische Anlagen auf Campingplätzen und in Caravans. VDE-Schriftenreihe 150. 3. Aufl. Berlin · Offenbach: VDE VERLAG, 2022. – ISBN 978-3-8007-5653-7

[12] *Cichowski, R. R.*: Kenngrößen für die Automatisierungstechnik. VDE-Schriftenreihe 101. 3. Aufl. Berlin · Offenbach: VDE VERLAG, 2018. – ISBN 978-3-8007-4724-5

[13] *Cichowski, R. R.*: Kenngrößen für die Elektrofachkraft. VDE-Schriftenreihe 59. 4. Aufl. Berlin · Offenbach: VDE VERLAG, 2020

[14] *Cichowski, R. R.*: Lexikon der Anlagentechnik. 2. Aufl. Berlin · Offenbach: VDE VERLAG, 2017. – ISBN 978-3-8007-4485-5

[15] *Cichowski, R. R.*: Lexikon der Elektromobilität. VDE-Schriftenreihe 200. Berlin · Offenbach: VDE VERLAG, 2023. – ISBN 978-3-8007-6057-2

[16] *Cichowski, R. R.*: Netzanschluss – dezentrale und regenerative Erzeugungsanlagen am Niederspannungsnetz (NS-Netz). VDE-Schriftenreihe 202. Berlin · Offenbach: VDE VERLAG, 2024. – ISBN 978-3-8007-6246-0

[17] *Cichowski, R. R.*; *Cichowski, A.*: Lexikon der Elektroinstallation. VDE-Schriftenreihe 52. 5. Aufl. Berlin · Offenbach: VDE VERLAG, 2020. – ISBN 978-3-8007-5163-1

[18] DGUV-Vorschrift 3 (1979-04) Elektrische Anlagen und Betriebsmittel. Köln: Berufsgenossenschaft Energie, Textil, Elektro, Medienerzeugnisse

[19] DGUV-Vorschrift 4 (2005) Unfallverhütungsvorschrift „Elektrische Anlagen und Betriebsmittel" mit Durchführungsanweisungen. Köln: Berufsgenossenschaft Energie, Textil, Elektro, Medienerzeugnisse

[20] DIN e. V.; ZVEH (Hrsg.): Elektrotechniker-Handwerk, DIN-Normen und technische Regeln für die Elektroinstallation. 12. Aufl. Berlin: Beuth, 2023. – ISBN 978-3-410-31775-3

[21] DIN 18014:2014-03 Fundamenterder – Planung, Ausführung und Dokumentation. Berlin: Beuth

[22] DIN 18014:2023-06 Erdungsanlagen für Gebäude – Planung, Ausführung und Dokumentation. Berlin: Beuth

[23] DIN 18015-1:2020-05 Elektrische Anlagen in Wohngebäuden – Teil 1: Planungsgrundlagen. Berlin: Beuth

[24] DIN 18533-1:2017-07 Abdichtung von erdberührten Bauteilen – Teil 1: Anforderungen, Planungs- und Ausführungsgrundsätze. Berlin: Beuth

[25] DIN EN IEC 60728-11 (**VDE 0855-1**):2023-10 Kabelnetze für Fernsehsignale, Tonsignale und interaktive Dienste – Teil 11: Sicherheitsanforderungen Berlin · Offenbach: VDE VERLAG

[26] DIN EN IEC 61936-1 (**VDE 0101-1**):2023-02 Starkstromanlagen mit Nennwechselspannungen über 1 kV AC und 1,5 kV DC – Teil 1: Wechselstrom. Berlin · Offenbach: VDE VERLAG

[27] DIN EN IEC 62485-1 (**VDE 0510-485-1**):2019-01 Sicherheitsanforderungen an Sekundär-Batterien und Batterieanlagen – Teil 1: Allgemeine Sicherheitsinformationen. Berlin · Offenbach: VDE VERLAG

[28] DIN EN IEC 62485-2 (**VDE 0510-485-2**):2019-04 Sicherheitsanforderungen an Sekundär-Batterien und Batterieanlagen – Teil 2: Stationäre Batterien. Berlin · Offenbach: VDE VERLAG

[29] DIN EN IEC 62561-2 (**VDE 0185-561-2**):2019-12 Blitzschutzsystembauteile (LPSC) – Teil 2: Anforderungen an Leiter und Erder. Berlin · Offenbach: VDE VERLAG

[30] DIN EN IEC 62561-7 (**VDE 0185-561-7**):2018-10 Blitzschutzsystembauteile (LPSC) – Teil 7: Anforderungen an Mittel zur Verbesserung der Erdung. Berlin · Offenbach: VDE VERLAG

[31] DIN EN IEC 62933-1 (**VDE 0520-933-1**):2019-08 Elektrische Energiespeichersysteme (EES-Systeme) – Teil 1: Terminologie. Berlin · Offenbach: VDE VERLAG

[32] DIN EN IEC 62933-2-1 (**VDE 0520-933-2-1**):2019-02 Elektrische Energiespeichersysteme – Teil 2-1: Einheitsparameter und Prüfverfahren – Allgemeine Festlegungen. Berlin · Offenbach: VDE VERLAG

[33] DIN EN 50310 (**VDE 0800-2-310**):2020-06 Telekommunikationstechnische Potentialausgleichsanlagen für Gebäude und andere Strukturen. Berlin · Offenbach: VDE VERLAG

[34] DIN EN 50522 (**VDE 0101-2**):2023-10 Erdung von Starkstromanlagen mit Nennwechselspannungen über 1 kV. Berlin · Offenbach: VDE VERLAG

[35] DIN EN 60079 (**VDE 0165**) (Normenreihe) Explosionsgefährdete Bereiche. Berlin · Offenbach: VDE VERLAG

[36] DIN EN 61851-23 (**VDE 0122-2-3**):2014-11 Konduktive Ladesysteme für Elektrofahrzeuge – Teil 23: Gleichstromladestationen für Elektrofahrzeuge Berlin · Offenbach: VDE VERLAG

[37] DIN EN 62305-3 Beiblatt 5 (**VDE 0185-305-3 Beiblatt 5**):2014-02 Blitzschutz – Teil 3: Schutz von baulichen Anlagen und Personen – Beiblatt 5: Blitz- und Überspannungsschutz für PV-Stromversorgungssysteme. Berlin · Offenbach: VDE VERLAG

[38] DIN EN 62305-*x* (**VDE 0185-305-*x***) (Normenreihe) Blitzschutz. Berlin · Offenbach: VDE VERLAG

[39] DIN EN 62561-1 (**VDE 0185-561-1**):2017-12 Blitzschutzsystembauteile (LPSC) – Teil 1: Anforderungen an Verbindungsbauteile. Berlin · Offenbach: VDE VERLAG

[40] DIN EN 62561-5 (**VDE 0185-561-5**):2018-05 Blitzschutzsystembauteile (LPSC) – Teil 5: Anforderungen an Revisionskästen und Erderdurchführungen. Berlin · Offenbach: VDE VERLAG

[41] DIN IEC/TS 62933-3-1 (**VDE V 0520-933-3-1**):2020-09 Elektrische Energiespeichersysteme – Teil 3-1: Planung und Leistungsbewertung von elektrischen Energiespeichersystemen – Allgemeine Festlegungen. Berlin · Offenbach: VDE VERLAG

[42] DIN VDE 0100-100:2009-06 Errichten von Niederspannungsanlagen – Teil 1: Allgemeine Grundsätze, Bestimmungen allgemeiner Merkmale, Begriffe. Berlin · Offenbach: VDE VERLAG

[43] DIN VDE 0100-410:2018-10 Errichten von Niederspannungsanlagen – Teil 4-41: Schutzmaßnahmen – Schutz gegen elektrischen Schlag. Berlin · Offenbach: VDE VERLAG

[44] DIN VDE 0100-410:2018-10 Errichten von Niederspannungsanlagen – Teil 4-41: Schutzmaßnahmen – Schutz gegen elektrischen Schlag. Berlin · Offenbach: VDE VERLAG

[45] DIN VDE 0100-430:2010-10 Errichten von Niederspannungsanlagen – Teil 4-43: Schutzmaßnahmen – Schutz bei Überstrom. Berlin · Offenbach: VDE VERLAG

[46] DIN VDE 0100-520:2023-06 Errichten von Niederspannungsanlagen – Teil 5-52: Auswahl und Errichtung elektrischer Betriebsmittel – Kabel- und Leitungsanlagen. Berlin · Offenbach: VDE VERLAG

[47] DIN VDE 0100-530:2018-06 Errichten von Niederspannungsanlagen – Teil 530: Auswahl und Errichtung elektrischer Betriebsmittel – Schalt- und Steuergeräte. Berlin · Offenbach: VDE VERLAG

[48] DIN VDE 0100-534:2016-10 Errichten von Niederspannungsanlagen – Teil 5-53: Auswahl und Errichtung elektrischer Betriebsmittel – Trennen, Schalten und Steuern – Abschnitt 534: Überspannungs-Schutzeinrichtungen (SPDs). Berlin · Offenbach: VDE VERLAG

[49] DIN VDE 0100-540:2012-06 Errichten von Niederspannungsanlagen – Teil 5-54: Auswahl und Errichtung elektrischer Betriebsmittel – Erdungsanlagen und Schutzleiter. Berlin · Offenbach: VDE VERLAG

[50] DIN VDE 0100-551:2017-02 Errichten von Niederspannungsanlagen – Teil 5-55: Auswahl und Errichtung elektrischer Betriebsmittel – Andere Betriebsmittel – Abschnitt 551: Niederspannungsstromerzeugungseinrichtungen. Berlin · Offenbach: VDE VERLAG

[51] DIN VDE 0618-1 (**VDE 0618-1**):2023-03 Betriebsmittel für den Potentialausgleich – Potentialausgleichsschiene (PAS) für den Hauptpotentialausgleich. Berlin · Offenbach: VDE VERLAG

[52] DIN VDE 0855-300 (**VDE 0855-300**):2008-08 Funksende-/-empfangssysteme für Senderausgangsleistungen bis 1 kW – Teil 300: Sicherheitsanforderungen Berlin · Offenbach: VDE VERLAG

[53] DIN VDE 1000-10:2021-06 Anforderungen an die im Bereich der Elektrotechnik tätigen Personen. Berlin · Offenbach: VDE VERLAG

[54] DIN VDE V 0100-551-1:2018-05 Errichten von Niederspannungsanlagen – Teil 5-55: Auswahl und Errichtung elektrischer Betriebsmittel – Andere Betriebsmittel – Abschnitt 551: Niederspannungsstromerzeugungseinrichtungen – Anschluss von Stromerzeugungseinrichtungen für den Parallelbetrieb mit anderen Stromquellen einschließlich einem öffentlichen Stromverteilungsnetz. Berlin · Offenbach: VDE VERLAG

[55] DVGW-Information Gas Nr. 17 (2013-02) Blitzschutz an Gas-Druckregel- und Messanlagen – Leitfaden zur Umsetzung der Anforderungen der DIN EN 62305. Bonn: Wirtschafts- und Verlagsges. Gas und Wasser

[56] *Fengel, M.*: Die zukunftssichere Elektroinstallation. 2. Aufl. Berlin · Offenbach: VDE VERLAG, 2023. – ISBN 978-3-8007-6142-5

[57] *Häberle, H. O.*; *Häberle, G.*: Einführung in die Elektroinstallation. 11. Aufl. München · Heidelberg: Hüthig, 2023. – ISBN 978-3-8101-0561-5

[58] *Hennig, W.*: VDE-Prüfung nach BetrSichV, TRBS und DGUV-Vorschrift 3. VDE-Schriftenreihe 43. 12. Aufl. Berlin · Offenbach: VDE VERLAG, 2019. – ISBN 978-3-8007-4812-9

[59] *Hösl, A.*; *Ayx, R.*; *Busch, H.-W.*: Die vorschriftsmäßige Elektroinstallation. 23. Aufl. Berlin · Offenbach: VDE VERLAG, 2022. – ISBN 978-3-8007-5751-0

[60] *Kasikci, I.*: Projektierungshilfe elektrischer Anlage in Gebäuden. VDE-Schriftenreihe 148. 9. Aufl. Berlin · Offenbach: VDE VERLAG, 2024. – ISBN 978-3-8007-6222-4

[61] *Kästner, T.*; *Rentz, H.* (Hrsg.): Handbuch Energiewende. Essen: etv Energieverlag, 2013. – ISBN 987-3-942370-40-0

[62] *Kern, A.*; *Wettingfeld, J.*: Blitzschutzsysteme 1. VDE-Schriftenreihe 44. Berlin · Offenbach: VDE VERLAG, 2014. – ISBN 978-3-8007-3511-2

[63] *Kiefer, G.*; *Schmolke, H.*; *Callondann, K.*: VDE 0100 und die Praxis. 18. Aufl. Berlin · Offenbach: VDE VERLAG, 2024. – ISBN 978-3-8007-6229-2

[64] *Klinger, J.*: Ladeinfrastruktur für Elektromobilität im privaten und halböffentlichen Bereich. Berlin · Offenbach: VDE VERLAG, 2022. – ISBN 978-3-8007-5746-6

[65] *Krefter, K.-H.*; *Schmolke, H.*: DIN VDE 0100. VDE-Schriftenreihe 105. 3. Aufl. Berlin · Offenbach: VDE VERLAG, 2012. – ISBN 978-3-8007-4497-8

[66] *Kreienberg, M.*: Wo steht was im VDE-Vorschriftenwerk? VDE-Schriftenreihe 1. Berlin · Offenbach: VDE VERLAG, 2024. – ISBN 978-3-8007-6281-1

[67] *Müller, J.*; *Schmidt, E.*; *Steber, W.*: Elektromobilität: Hochvolt- und 48-Volt-Systeme. Würzburg: Vogel, 2017. – ISBN 978-3-8343-3359-9

[68] *Neumann, T.*: BetrSichV – die verantwortliche Elektrofachkraft in der Pflicht. VDE-Schriftenreihe 121. 6. Aufl. Berlin · Offenbach: VDE VERLAG, 2024. – ISBN 978-3-8007-6257-6

[69] *Niemand, T.*; *Schröder, A.*: Erdungsanlagen. Buchreihe Anlagentechnik für elektrische Verteilungsnetze *Rolf Rüdiger Cichowski* (Hrsg.). 2. Auflage. Berlin · Offenbach: VDE VERLAG, 2016. – ISBN: 978-3-8007-3566-2

[70] *Pusch, P.*; *Pusch, F.*: Schaltberechtigung für Elektrofachkräfte und befähigte Personen. VDE-Schriftenreihe 79. 9. Aufl. Berlin · Offenbach: VDE VERLAG, 2022. – ISBN 978-3-8007-5765-7

[71] Richtlinien für das Einbetten von Fundamenterdern in Gebäudefundamente. Frankfurt am Main: Vereinigung Deutscher Elektrizitätswerke e. V. (VDEW), 1966

[72] *Rosa, A.*: Projektierung von Ersatzstromaggregaten. VDE-Schriftenreihe 122. 3. Aufl. Berlin · Offenbach: VDE VERLAG, 2018. – ISBN 978-3-8007-4547-0

[73] *Rudnik, S.*: EMV-Fibel für Elektrofachkräfte – Errichten von Niederspannungsanlagen gemäß DIN VDE 0100-444. VDE-Schriftenreihe 55. 4. Aufl. Berlin · Offenbach: VDE VERLAG, 2021. – ISBN 978-3-8007-5595-0

[74] *Rudnik, S.*: Errichten von Niederspannungsanlagen gemäß DIN VDE 0100-801/-802. VDE-Schriftenreihe 169. 3. Aufl. Berlin · Offenbach: VDE VERLAG, 2023. – ISBN 978-3-8007-6195-1

[75] *Rudnik, S.*: Erstprüfung von elektrischen Anlagen. VDE-Schriftenreihe 63. 6. Aufl. Berlin · Offenbach: VDE VERLAG, 2020. – ISBN 978-3-8007-5261-4

[76] *Rudnik, S.*: Prüfung elektrischer Anlagen und Ausrüstungen. VDE-Schriftenreihe 163. Berlin · Offenbach: VDE VERLAG, 2022. – ISBN 978-3-8007-5743-5

[77] *Rudnik, S.*; *Pelta, R.*: Der Lotse durch die DIN VDE 0100. 4. Aufl. VDE-Schriftenreihe 144. Berlin · Offenbach: VDE VERLAG, 2022. – ISBN 978-3-8007-5934-7

[78] RWE-Bau-Handbuch, 15. Aufl. Frankfurt am Main: EW Medien, 2014. – ISBN 978-3-8022-1124-9

[79] *Schlabbach, J.*: Netzgekoppelte Photovoltaikanlagen. Reihe Anlagentechnik für elektrische Verteilungsnetze, Hrsg. *Rolf Rüdiger Cichowski*. Berlin · Offenbach VDE VERLAG, 2011. – ISBN 978-3-8007-3340-8

[80] *Schmiegel, A. U.*: Energiespeicher für die Energiewende. 3. Aufl. München: Hanser, 2023. – ISBN 978-3-446-47582-3

[81] *Schmolke, H.*: Auswahl und Bemessung von Kabel und Leitungen. 8. Aufl. München · Heidelberg: Hüthig, 2021. – ISBN 978-3-8101-0556-1

[82] *Schmolke, H.*: Brandschutztechnische Bewertung und Prüfung elektrischer Anlagen. VDE-Schriftenreihe 173. Berlin · Offenbach: VDE VERLAG, 2018. – ISBN 978-3-8007-4736-8

[83] *Schmolke, H.*: Potentialausgleich, Fundamenterder, Korrosionsgefährdung. VDE-Schriftenreihe 35. 8. Aufl. Berlin · Offenbach: VDE VERLAG, 2013. – ISBN 978-3-8007-3545-7

[84] *Schmolke, H.*; *Callondann, K.*: DIN VDE 0100 richtig angewandt. VDE-Schriftenreihe 106. 8. Aufl. Berlin · Offenbach: VDE VERLAG, 2022. – ISBN 978-3-8007-5633-9

[85] *Schmolke, H.*; *Callondann, K.*: Elektroinstallation in Wohngebäuden. VDE-Schriftenreihe 45. 10. Aufl. Berlin · Offenbach: VDE VERLAG, 2021. – ISBN 978-3-8007-5478-6

[86] *Schröder, B.*: Wo steht was in DIN VDE 0100? VDE-Schriftenreihe 100. 5. Aufl. Berlin · Offenbach: VDE VERLAG, 2020. – ISBN 978-3-8007-5278-2

[87] *Staudacher, F.*: Elektromobilität, Theorie und Praxis zur Ladeinfrastruktur. München · Heidelberg: Hüthig, 2020. – ISBN 978-3-8101-0508-0

[88] TAB 2023 – Technische Anschlussbedingungen für den Anschluss an das Niederspannungsnetz. Berlin: BDEW Bundesverband der Energie- und Wasserwirtschaft

[89] VDE-Anwendungsregel VDE-AR-E 2510-2:2021-02 Stationäre elektrische Energiespeichersysteme vorgesehen zum Anschluss an das Niederspannungsnetz. Berlin · Offenbach: VDE VERLAG

[90] VDE-Anwendungsregel VDE-AR-N 4100:2019-04 Technische Regeln für den Anschluss von Kundenanlagen an das Niederspannungsnetz und deren Betrieb (TAR Niederspannung). Berlin · Offenbach: VDE VERLAG

Anhang A Methoden zur Ermittlung des Ausbreitungswiderstands

Der Widerstand gegen die Ausbreitung elektrischer Ströme im Erdreich, bekannt als Ausbreitungswiderstand, stellt den effektiven elektrischen Widerstand dar, der zwischen einem Erder und einem Referenzpunkt im Boden, der sogenannten Bezugserde, auftritt. Dieser Widerstand wird maßgeblich durch die Beschaffenheit des Bodens zwischen diesen beiden Punkten, einschließlich dessen spezifischem Erdwiderstand, sowie durch die physischen Charakteristika, die Konstruktion und die Positionierung des Erders selbst beeinflusst.

Die genaue Bestimmung des Ausbreitungswiderstands ist notwendig für die Gewährleistung der elektrischen Sicherheit und Effizienz in verschiedenen Anwendungen. Dabei stehen drei Hauptmethoden zur Verfügung, um diesen Widerstand zu ermitteln: die präzise Berechnung, welche detaillierte Kenntnisse über die Bodenbeschaffenheit und den Erder erfordert; die überschlägige Berechnung, die für eine schnelle Einschätzung mit vereinfachten Annahmen genutzt wird; und die Abschätzung, die auf Erfahrungswerten und vergleichbaren Situationen basiert. Jede dieser Methoden hat ihre spezifischen Anwendungsbereiche und wird je nach den Anforderungen des Projekts und den verfügbaren Informationen ausgewählt.

Darüber hinaus ist es wichtig, zu verstehen, dass der Ausbreitungswiderstand nicht nur von den bereits genannten Faktoren abhängt, sondern auch von der Frequenz des durch den Erder fließenden Stroms beeinflusst werden kann. Niedrige Frequenzen tendieren dazu, tiefer in das Erdreich einzudringen, was zu einem anderen Ausbreitungswiderstand führt als bei höheren Frequenzen, die sich möglicherweise mehr an der Oberfläche ausbreiten. Die Kenntnis dieser Zusammenhänge ist entscheidend für die Planung und Optimierung von Erdungssystemen in der Elektrotechnik und bei erdgebundenen Bauvorhaben.

Für die Ermittlung des Ausbreitungswiderstands kann also eine der drei folgenden Möglichkeiten gewählt werden: die genaue Berechnung, die überschlägige Berechnung und eine Abschätzung. Die drei Methoden sind in den nachfolgenden Tabellen dargestellt.

Tabelle A.1 zeigt Methoden zur Ermittlung des Ausbreitungswiderstands.

Genaue Berechnung	Diese Methode verwendet detaillierte mathematische Modelle, die eine Vielzahl von Bodeneigenschaften und die spezifischen Merkmale des Erders berücksichtigen. Sie ist besonders nützlich für komplexe Erdungssysteme oder wenn hohe Genauigkeit gefordert ist.
Überschlägige Berechnung	Eine vereinfachte Berechnung, die auf allgemeineren Annahmen über Bodenbeschaffenheit und Erdermerkmale basiert. Diese Methode ist schneller durchzuführen und eignet sich für vorläufige Abschätzungen oder wenn detaillierte Daten nicht verfügbar sind.
Abschätzung	Diese sehr grundlegende Methode stützt sich auf Erfahrungswerte und einfache Vergleichsmessungen. Sie wird oft in der frühen Phase der Planung verwendet oder wenn eine schnelle Beurteilung der Erdungsanforderungen benötigt wird.

Tabelle A.1 Methoden zur Ermittlung des Ausbreitungswiderstands

Ausbreitungswiderstand eines Erders

Der Ausbreitungswiderstand eines Erders ist der Wirkwiderstand der Erde zwischen dem Erder und der Bezugserde, also der dazwischen liegenden Erde. Der Ausbreitungswiderstand hängt in seinem Widerstandswert vom Widerstand des Erdreichs zwischen dem Erder und der Bezugserde ab sowie von den Abmessungen, dem Aufbau und der Lage des Erders.

Für die Ermittlung des Ausbreitungswiderstands kann eine der drei folgenden Möglichkeiten gewählt werden:

1. genaue Berechnung,
2. überschlägige Berechnung,
3. Abschätzung

1. Genaue Berechnung:

Oberflächenerder: $R_O = \frac{\rho_E}{\pi \cdot l} \cdot \ln \frac{2 \cdot l}{d}$.

Mit:

R_O Ausbreitungswiderstand eines Oberflächenerders in Ω,
ρ_E spezifischer Erdwiderstand in Ωm,
l Erderlänge in m,
d Seildurchmesser eines Erders aus Rundmaterial in m,
b Breite des Banderders,
d halbe Breite eines Banderders in Meter ($d = b/2$),
ln natürlicher Logarithmus (Basis e = 2,718 281 8)

Tiefenerder: $R_T = \frac{\rho_E}{2\pi \cdot l} \cdot \ln \frac{4 \cdot t}{d}$.

Mit:

R_T Ausbreitungswiderstand eines Tiefenerders in Ω,
ρ_E spezifischer Erdwiderstand in Ωm,
t Stablänge in m,
d Stabdurchmesser in m,
ln natürlicher Logarithmus (Basis e = 2,718 281 8)

2. Überschlägige Berechnung:

Oberflächenerder: $R_O \approx \frac{2\rho_E}{l}$, für $l \leq 10$ m, $R_O \approx \frac{3\rho_E}{l}$, für $l > 10$ m.

Fundamenterder: $R_F \approx \frac{2\rho_E}{\pi \cdot D}$.

Mit:

D Durchmesser eines Ersatzerders in Ringform in m, mit $D = \sqrt{\frac{4 \cdot L \cdot B}{\pi}}$,
L Länge des Fundamenterders in m,
B Breite des Fundamenterders in m

Tiefenerder: $R_T \approx \frac{\rho_E}{l}$

Tabelle A.2 Erläuterungen der Methoden zur Ermittlung des Ausbreitungswiderstands

3. Abschätzung nach DIN EN 50522 (VDE 0101-2):

Diagramme:

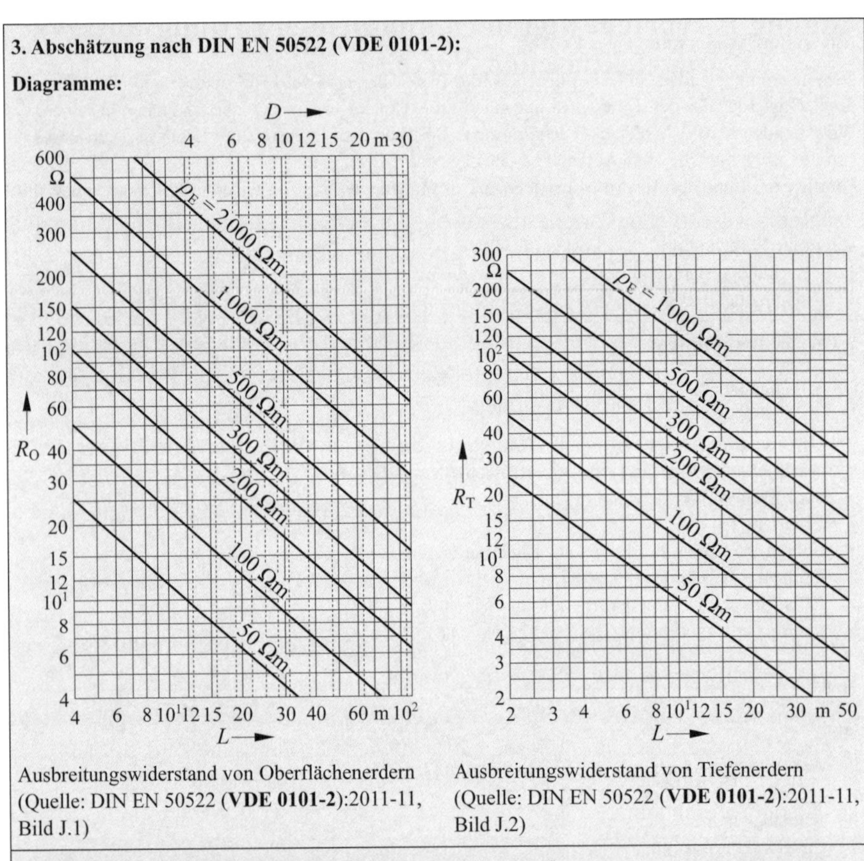

Ausbreitungswiderstand von Oberflächenerdern (Quelle: DIN EN 50522 (**VDE 0101-2**):2011-11, Bild J.1)

Ausbreitungswiderstand von Tiefenerdern (Quelle: DIN EN 50522 (**VDE 0101-2**):2011-11, Bild J.2)

Messverfahren zur Bestimmung des Ausbreitungswiderstands:
Ausführliche Erläuterungen siehe Literatur:
Kiefer, G.; *Schmolke, H.*; *Callondann, K.*: VDE 0100 und die Praxis. 18. Aufl. Berlin · Offenbach: VDE VERLAG

- Strom-Spannungs-Messverfahren,
- mit der Erdungsmessbrücke nach dem Kompensationsverfahren,
- Winkelmethode

Tabelle A.2 (*Fortsetzung*) Erläuterungen der Methoden zur Ermittlung des Ausbreitungswiderstands

Anhang B Vorteile von normkonformen Erdungsanlagen in elektrischen Netzen

Eine korrekt errichtete gut geprüfte und ständig instandgehaltene Erdungsanlage bietet eine Reihe wesentlicher Vorteile, die sowohl die Sicherheit als auch die Funktionalität elektrischer Systeme in Gebäuden betreffen. Die wichtigsten Vorteile:

1. **Schutz vor elektrischen Schlägen:** Durch die Bereitstellung eines sicheren Weges für den Stromfluss zurück zur Erde reduziert eine Erdungsanlage das Risiko von elektrischen Schlägen für Personen, die mit elektrischen Geräten oder Installationen in Kontakt kommen.
2. **Überspannungsschutz:** Erdungsanlagen helfen, die Folgen von Blitzeinschlägen oder Spannungsspitzen zu minimieren, indem sie überschüssige elektrische Ladungen sicher zur Erde ableiten. Dies schützt elektrische Geräte und Anlagen vor Schäden durch Überspannungen.
3. **Stabilisierung der Spannungsebenen:** Eine gute Erdung hilft dabei, die Spannungsebenen im gesamten Stromnetz zu stabilisieren, indem sie einen Bezugspunkt für die Spannungen bietet. Dies sorgt für einen gleichmäßigeren und zuverlässigeren Betrieb elektrischer Geräte.
4. **Vermeidung von Brandschäden:** Durch die Ableitung von Fehlströmen in die Erde verringert eine ordnungsgemäß installierte Erdungsanlage das Risiko von Feuer, das durch elektrische Fehler wie Kurzschlüsse oder Überlastungen verursacht werden kann.
5. **Verbesserung der System- und Geräteleistung:** Eine korrekte Erdung kann die Leistung bestimmter Geräte verbessern, indem elektromagnetische Störungen reduziert werden. Dies ist besonders wichtig in sensiblen Umgebungen wie Krankenhäusern oder Laboren, in denen Präzisionsgeräte verwendet werden.
6. **Rechtliche und normative Konformität:** Die Einhaltung der relevanten DIN-VDE-Normen und anderer Sicherheitsvorschriften durch die Installation einer korrekten Erdungsanlage ist nicht nur eine Frage der Sicherheit, sondern auch eine rechtliche Anforderung. Dies kann rechtliche Probleme und mögliche Strafen vermeiden.

Diese Vorteile unterstreichen die Bedeutung einer sorgfältigen Planung und Projektierung, Errichtung, Prüfung und Instandhaltung von Erdungsanlagen in Gebäuden, um die Sicherheit und Effizienz elektrischer Systeme zu gewährleisten.